高等职业教育机电类专业规划教材

数控编程与加工

第 2 版

主　编　周保牛
参　编　周　岳　叶　穗
主　审　范超毅

机械工业出版社

本教材由 12 个项目构成基本单元，每个项目以典型零件为载体，按"学习目标（终极目标、促成目标）→工学任务→相关知识→相关实践→拓展知识→思考与练习题"六部分顺序有机衔接，所有编程指令和程序用两种系统并列列表，清晰地表达了不同数控系统解决同一编程问题的方法。12 个项目分别是分析数控镗铣床的加工能力、直线插补编程数控铣削平面模零件、圆弧插补编程数控铣削成形槽零件、刀具半径补偿编程数控铣削垫块模、子程序编程数控铣削腰形级进凸模、坐标变换编程数控铣削五角模板、固定循环编程数控镗铣多孔板零件 7 个镗铣项目，以及分析数控车床的加工能力、轴向循环编程数控车削小轴零件、端面循环编程数控车削圆盘零件、轮廓循环编程数控车削葫芦轴、综合编程数控车削螺纹轴套 5 个车削项目。附录包括 G 代码表、M 代码表及刀具、量具清单。教材整体满足工学结合、理实一体、学做结合、双证融通等高职高专教学改革需要。

本教材适用于高等职业院校、高等专科院校、成人高校等制造大类非数控技术（专业加工方向）、有关零部件制造专业，如汽摩零部件制造、机械制造与自动化、模具设计与制造、机械设计与制造、玩具设计与制造、精密机械技术、医疗器械制造与维护、阀门设计与制造等专业的数控编程与操作加工课程，也可作为工程技术人员、工人和管理人员的参考书。

本书配有电子课件和翔实的电子教案，凡使用本书作教材的教师可登录机械工业出版社教育服务网（http：//www.cmpedu.com），注册后免费下载。咨询电话：010 - 88379375。

图书在版编目（CIP）数据

数控编程与加工/周保牛主编 . —2 版 . —北京：机械工业出版社，2019.4
高等职业教育机电类专业规划教材
ISBN 978 - 7 - 111 - 62174 - 4

Ⅰ.①数… Ⅱ.①周… Ⅲ.①数控机床 - 程序设计 - 高等职业教育 - 教材 ②数控机床 - 加工 - 高等职业教育 - 教材 Ⅳ.①TG659

中国版本图书馆 CIP 数据核字（2019）第 041095 号

机械工业出版社（北京市百万庄大街 22 号　邮政编码 100037）
策划编辑：王英杰　责任编辑：王英杰
责任校对：梁　静　封面设计：鞠　杨
责任印制：张　博
河北鑫兆源印刷有限公司印刷
2019 年 5 月第 2 版第 1 次印刷
184mm×260mm・11 印张・270 千字
0 001—1 900 册
标准书号：ISBN 978 - 7 - 111 - 62174 - 4
定价：30.00 元

凡购本书，如有缺页、倒页、脱页，由本社发行部调换

电话服务	网络服务
服务咨询热线：010 - 88379833	机 工 官 网：www.cmpbook.com
读者购书热线：010 - 68326294	机 工 官 博：weibo.com/cmp1952
	教育服务网：www.cmpedu.com
封面无防伪标均为盗版	金 书 网：www.golden-book.com

前　　言

　　为了适应高等职业教育的需要，本编写组于2009年编写了全国高等职业教育示范专业规划教材《数控编程与加工技术》，并于2014年进行了修订，受到了高职高专各院校的普遍欢迎，得到了较为广泛的使用。在使用过程中发现，该教材特别适用于数控技术专业加工方向相关课程，而对于非加工方向，教材内容偏多、难度偏大，为解决这一问题，同时满足制造大类其他专业，如汽摩零部件制造、机械制造与自动化、模具设计与制造、机械设计与制造、玩具设计与制造、精密机械技术、医疗器械制造与维护、阀门设计与制造等专业与零部件数控切削加工有关的课程需要，特别编写了非数控技术专业（加工方向）教材——《数控编程与加工》，共开发了12个主体项目，3个附录供参考查阅，教学使用十分方便，主要信息见下表。

《数控编程与加工》主要信息表

项目	项目名称	参考课时	主要作者	作者工作经历
一	分析数控镗铣床的加工能力	8	周保牛	20多年企业相关工作经历，高级工程师；近10年高职教育经历，教授
二	直线插补编程数控铣削平面模	4		
三	圆弧插补编程数控铣削成形槽	4		
四	刀具半径补偿编程数控铣削垫块模	4		
五	子程序编程数控铣削腰形级进凸模	4		
六	坐标变换编程数控铣削五角模板	4		
七	固定循环编程数控镗铣多孔板	12	周岳	10多年企业相关工作经历，高级工程师；10余年高职教育经历，副教授；数控机床操作工高级技师
八	分析数控车床的加工能力	2		
九	轴向循环编程数控车削小轴	4	叶穗	10多年企业相关工作经历，高级工程师；10余年高职教育经历，副教授；数控机床操作工高级技师
十	端面循环编程数控车削圆盘	2		
十一	轮廓循环编程数控车削葫芦轴	4		
十二	综合编程数控车削螺纹轴套	4		
附录A	G代码表	查阅	周岳	
附录B	M代码表			
附录C	刀具、量具清单			
	合计课时	56		

　　本教材具有以下鲜明特色：

　　1. 继续沿用和完善项目式教材版式，体现了工学结合、理实一体、学做结合、双证融通等高职高专教育特色

　　以相关教学标准和国家职业标准为依据，以工作任务为中心，以相关知识为背景，以相关实践为焦点，以拓展知识为延伸，沿用和完善《数控编程与加工》项目教材版式：用核

心指令（突出重点理论知识）数控编程和加工典型零件（突出重点应用实践）方式命名的若干项目构成教材基本单元，项目由易到难，顺序编排形成梯度，项目由"学习目标（终极目标、促成目标）→工学任务→相关知识→相关实践→拓展知识→思考与练习题"六部分顺序有机衔接。每个项目情境教学资料完整、丰富，情境教学条件普适性好，能灵活适应多种教学方式，体现了工学结合、理实一体、学做结合、双证融通等高职高专教育特色。

2. 教材内容设计符合教学和人才成长规律，体现了高职教材基于工作过程的能力培养及知识系统化的特征

以数控加工典型零件过程为逻辑主线设置项目，以精准、足够多的典型零件为项目载体；在锁定项目终极目标的前提下，提出项目促成目标；依据人才培养规格呈现工学任务；按照《高等职业学校专业教学标准》，合理分配相关知识，在设计逼真的工作情境下进行相关实践，完成工学任务；必要时设置拓展知识作为补充延伸。整个教材内容设计符合教学和人才成长规律，与生产实践流程相吻合，体现了高职教材基于工作过程的能力培养及知识系统化的特征。

相关知识的主要作用在于促进学生对实践过程的理解和判断，进而促进弹性的、可迁移的职业能力的形成，体现"高等性和技术性"。

相关实践主要指实践过程、技术规则、技术情境等，主要解决"是什么"和"怎么做"的问题，要完成工作任务，获得学习成果，体现"职业性和技能性"。

拓展知识作为补充或延伸，给项目式教材留出发展空间，体现高职高专教材对"新技术"的前瞻性。

3. 载体适应资源配置，提高了教材应用的可行性和普适性

将企业工程图样科学转化、精心设计成适合学校教育、数控加工的典型零件图样，作为项目载体系列，一套作为教材叙述主体，还有两套以上呈现于思考与练习题中，供学生课后练习、巩固使用。载体毛坯材料选择考究、规格合理，拟用典型工艺装备及工装加工，适应校内外不同经济发展地区、理实不同组合教学资源配置，提高了教材应用的可行性和普适性。

4. 以常用典型数控系统为主，提高了教材对市场的服务性

以常用典型数控系统、数控铣床、加工中心和数控车床为主，镗铣编程用 FANUC – 0iM、SIEMENS802D 两种数控系统，车削编程用 FANUC – 0iT、华中 – 21/22T 两种数控系统，所有程序指令及程序并列列表详述，清晰地表达了不同数控系统解决同一编程问题的方法，便于校内外教与学和工程实践应用，提高了教材对市场的服务性。

5. 配套教学资源丰富，提高了教材开发的整体性和教与学的有效性

教材配套了江苏省优秀多媒体课件一等奖网站 http://cc.njnu.edu.cn/ 供浏览，并附有授课 PPT、思考与练习题答案、数控仿真加工动画、教学方案、学生作业范例等优质电子资源，提高了教材开发的整体性和教与学的有效性，有利于促进课程建设。

本教材由常州机电职业技术学院周保牛主编，江汉大学范超毅主审。在编写过程中，常州机电职业技术学院郝超、华东师范大学徐国庆、宁波海天精工机械有限公司刘西恒等给予了具体建议和指导，在此一并表示衷心感谢。

本书配有电子课件、电子教案，凡使用本书作教材的教师可登录机械工业出版社教育服

前　言

务网（http：//www.cmpedu.com）下载。咨询电话：010-88379375。

由于时间仓促，书中难免有错误和不当之处，恳请读者批评指正。对于教材结构是否合理、实用、科学，愿与读者研讨，主编邮箱 zbn1131@163.com。

编　者

目　录

前言
项目一　分析数控镗铣床的加工能力 ……… 1
　一、学习目标 ……………………………… 1
　二、工学任务 ……………………………… 1
　三、相关知识 ……………………………… 1
　　（一）数控镗铣床的工艺能力及技术
　　　　　参数 …………………………… 1
　　（二）工艺装备 …………………………… 4
　　　1. 夹具 ………………………………… 4
　　　2. 刀具 ………………………………… 5
　　　3. 辅具 ………………………………… 6
　　（三）数控镗铣床的通用编程规则 ……… 6
　　　1. 数控编程简介 ……………………… 6
　　　2. 编程步骤 …………………………… 6
　　　3. 数控镗铣床坐标系统 ……………… 7
　　　4. 程序结构三要素及程序段格式 …… 10
　　　5. 准备功能 …………………………… 11
　　　6. M、S、F、G94、G95 功能 ……… 12
　　　7. 小数点编程 ………………………… 12
　思考与练习题 ……………………………… 13
**项目二　直线插补编程数控铣削
　　　　　平面模** …………………………… 16
　一、学习目标 ……………………………… 16
　二、工学任务 ……………………………… 16
　三、相关知识 ……………………………… 18
　　（一）铣平面工艺 ………………………… 18
　　　1. 工艺方法 …………………………… 18
　　　2. 平面铣刀、立铣刀 ………………… 18
　　　3. 切削用量 …………………………… 18
　　　4. 工件装夹 …………………………… 19
　　（二）编程指令 …………………………… 19
　　　1. 工件坐标系 G53~G59/G53~G59、
　　　　 G153、G500 ……………………… 19
　　　2. 绝对尺寸编程与增量尺寸编程 G90、
　　　　 G91/G90、G91、AC、IC ………… 21

　　　3. 英制与米制转换 G20、G21/G70、G71 …… 22
　　　4. 快速定位 G00 ……………………… 22
　　　5. 直线插补 G01 ……………………… 22
　四、相关实践 ……………………………… 23
　　　1. 编程 ………………………………… 23
　　　2. 双边对称对刀 ……………………… 25
　思考与练习题 ……………………………… 25
项目三　圆弧插补编程数控铣削成形槽 …… 28
　一、学习目标 ……………………………… 28
　二、工学任务 ……………………………… 28
　三、相关知识 ……………………………… 30
　　（一）铣成形槽工艺 ……………………… 30
　　　1. 工艺方法 …………………………… 30
　　　2. 键槽铣刀 …………………………… 30
　　（二）编程指令 …………………………… 30
　　　1. 插补平面 G17~G19 与圆弧插补
　　　　 G02、G03 ………………………… 30
　　　2. 基点 ………………………………… 32
　四、相关实践 ……………………………… 33
　　　1. 编程 ………………………………… 33
　　　2. 单边对刀 …………………………… 34
　五、拓展知识 ……………………………… 35
　　　倒角与倒圆 C、R/CHF、RND ……… 35
　思考与练习题 ……………………………… 36
**项目四　刀具半径补偿编程数控铣削
　　　　　垫块模** …………………………… 38
　一、学习目标 ……………………………… 38
　二、工学任务 ……………………………… 38
　三、相关知识 ……………………………… 40
　　　1. 刀具半径补偿 G40~G42 ………… 40
　　　2. 切入/切出工艺路径 ……………… 42
　　　3. 偏置法编程 ………………………… 43
　　　4. 打点法编程 ………………………… 46
　　　5. 过切判断 …………………………… 46
　四、相关实践 ……………………………… 46

思考与练习题 …………………… 50

项目五　子程序编程数控铣削腰形级进凸模 …………………… 52
　一、学习目标 …………………… 52
　二、工学任务 …………………… 52
　三、相关知识 …………………… 54
　　1. 子程序 …………………… 54
　　2. 子程序平移编程 …………………… 56
　　3. 子程序分层编程 …………………… 57
　四、相关实践 …………………… 57
　　思考与练习题 …………………… 59

项目六　坐标变换编程数控铣削五角模板 …………………… 61
　一、学习目标 …………………… 61
　二、工学任务 …………………… 61
　三、相关知识 …………………… 63
　　1. 极坐标编程 G15、G16/G110~G112、AP、RP …………………… 63
　　2. 坐标系旋转编程 G68、G69/ROT、AROT …………………… 65
　四、相关实践 …………………… 66
　　思考与练习题 …………………… 69

项目七　固定循环编程数控镗铣多孔板 …………………… 71
　一、学习目标 …………………… 71
　二、工学任务 …………………… 71
　三、相关知识 …………………… 73
　　（一）加工中心的工艺能力及技术参数 …………………… 73
　　　1. 立式加工中心 …………………… 73
　　　2. 卧式加工中心 …………………… 73
　　（二）自动换刀 …………………… 74
　　　1. 选刀与换刀 …………………… 74
　　　2. 刀具长度补偿 G43、G44、G49/T、D …………………… 76
　　（三）参考点编程及进给暂停 …………………… 80
　　　1. 参考点编程 G28/G74 …………………… 80
　　　2. 进给暂停 G04 …………………… 81
　　（四）孔加工固定循环 …………………… 81
　　　1. 固定循环平面 …………………… 81
　　　2. 固定循环指令格式 …………………… 82
　　　3. 固定循环种类 G73~G89/CYCLE81~CYCLE840 …………………… 85

　四、相关实践 …………………… 90
　　1. 工艺设计 …………………… 90
　　2. 数控编程 …………………… 92
　　思考与练习题 …………………… 96

项目八　分析数控车床的加工能力 …………………… 99
　一、学习目标 …………………… 99
　二、工学任务 …………………… 99
　三、相关知识 …………………… 99
　　（一）数控车床的工艺能力及技术参数 …………………… 99
　　　1. 数控车床的主要工艺能力 …………………… 100
　　　2. 数控车床的主要技术参数 …………………… 100
　　（二）数控车床通用编程规则 …………………… 101
　　　1. 数控车床坐标系 …………………… 101
　　　2. 程序结构三要素及程序段格式 …………………… 102
　　　3. 准备功能 …………………… 102
　　　4. M、S、F、T 功能 …………………… 102
　　　5. 工件坐标系 G53~G59 …………………… 102
　　　6. 半径编程与直径编程 …………………… 103
　　　7. 绝对尺寸编程与相对尺寸编程 X、Z、U、W/G90、G91、U、W …………………… 103
　　　8. 英制与米制转换 G20、G21 …………………… 104
　　　9. 每分进给与每转进给 G98、G99/G94、G95 …………………… 104
　　思考与练习题 …………………… 104

项目九　轴向循环编程数控车削小轴 …………………… 109
　一、学习目标 …………………… 109
　二、工学任务 …………………… 109
　三、相关知识 …………………… 111
　　1. 快速定位 G00 …………………… 111
　　2. 直线插补 G01 …………………… 111
　　3. G01 倒角/倒圆编程 …………………… 112
　　4. 刀具长度补偿 …………………… 113
　　5. 刀位码 …………………… 114
　　6. 轴向车削固定循环 G71、G70/G71 …………………… 115
　四、相关实践 …………………… 119
　　思考与练习题 …………………… 120

项目十　端面循环编程数控车削圆盘 …………………… 123
　一、学习目标 …………………… 123
　二、工学任务 …………………… 123
　三、相关知识 …………………… 125

1. 插补平面选择 G17～G19 …………… 125
2. 圆弧插补 G02、G03 ……………… 125
3. 端面车削固定循环 G72、G70/G72 …… 127
四、相关实践 …………………………… 129
五、拓展知识 …………………………… 130
 参考点编程 G28 …………………… 130
思考与练习题 …………………………… 131

项目十一 轮廓循环编程数控车削葫芦轴 ……………………… 133

一、学习目标 …………………………… 133
二、工学任务 …………………………… 133
三、相关知识 …………………………… 135
1. 刀具半径补偿 G40～G42 …………… 135
2. 轮廓车削固定循环 G73、G70/G73 …… 137
四、相关实践 …………………………… 139
1. 确定加工方案 ……………………… 139
2. 编制程序 …………………………… 139
五、拓展知识 …………………………… 141
 恒线速功能 G50、G96、G97/G96、G97 …… 141
思考与练习题 …………………………… 142

项目十二 综合编程数控车削螺纹轴套 ……………………… 144

一、学习目标 …………………………… 144
二、工学任务 …………………………… 144
三、相关知识 …………………………… 146
1. 车槽固定循环 G75 ………………… 146
2. 螺纹加工工艺知识 ………………… 147
3. 螺纹车削固定循环 G76 …………… 151
四、相关实践 …………………………… 152
1. 确定加工方案 ……………………… 152
2. 编制程序 …………………………… 153
五、拓展知识 …………………………… 156
 进给暂停 G04 ……………………… 156
思考与练习题 …………………………… 156

附录 ……………………………………… 158

附录A G代码表 …………………… 158
附录B M代码表 …………………… 162
附录C 刀具、量具清单 ……………… 163

参考文献 ………………………………… 167

项目一　分析数控镗铣床的加工能力

一、学习目标
● 终极目标：熟悉数控镗铣床的加工能力。
● 促成目标
1）熟悉数控镗铣床的工艺能力及技术参数。
2）熟悉数控镗铣床坐标系统。
3）熟悉数控机床 G、M、F、S 功能。
4）会小数点编程。
5）会操作数控镗铣床操作面板。

二、工学任务
（1）任务
1）查阅或实地辨析数控镗铣床坐标系统。
2）查阅或观摩数控镗铣床加工零件的工艺过程。
（2）条件
1）具有数控仿真机房。
2）具有数控镗铣床教学机床。
（3）要求
1）核对或填写"项目一过程考核卡"相关信息。
2）提交观后报告电子、纸质文档以及"项目一过程考核卡"。

三、相关知识

（一）数控镗铣床的工艺能力及技术参数

数控镗铣床是数控铣床、数控镗床、数控钻床等刀具回转类数控机床的统称。

数控铣床一般是两轴以上联动金属切削数控机床（见图 1-1），是加工盘类零件、模具等需用刀具数量不多零件的理想设备。工件经一次装夹后，数控铣床能完成铣、钻、扩、铰、镗、攻螺纹等多种工序，如图 1-2 所示。其中坐标轴联动铣削加工工件轮廓是最基本、最主要的工艺能力。在钻、扩、铰、镗、攻螺纹等孔加工时，由于数控铣床不具备自动换刀功能，孔的种类不宜太多，以免加大工人手工换刀体力消耗，影响机床自动加工效率。

编程时必须要知道数控机床的规格参数。这里以 TK7640 型数控立式镗铣床为例介绍数控铣床的技术参数（见表 1-1）。

工作台尺寸、行程主要反映机床加工工件的大小；工作台 T 形槽宽度主要反映装夹工件或夹具所用紧固螺栓的形式和规格；主轴端面到工作台面距离限制夹具高度、工件高度、刀具长度（包括装卸空间）的总和大小；进给速度指进给功能 F 的编程范围；快移速度是机床设定的 G00 速度，是降低辅助加工时间的重要参数，也是衡量数控机床性能的重要指标之一；主轴转速指主轴转速功能 S 的编程范围；刀柄包括拉钉必须与主轴锥孔匹配；定位精度指刀具到达目标位置的误差范围，它决定孔距等加工精度；重复定位精度反映到达目标位置的稳定程度，它反映加工一致性或稳定性；一般在订货时可以选用数控系统、程序容量、显示方法等；最小输入单位决定坐标尺寸精度，机床要外接压缩空气等。

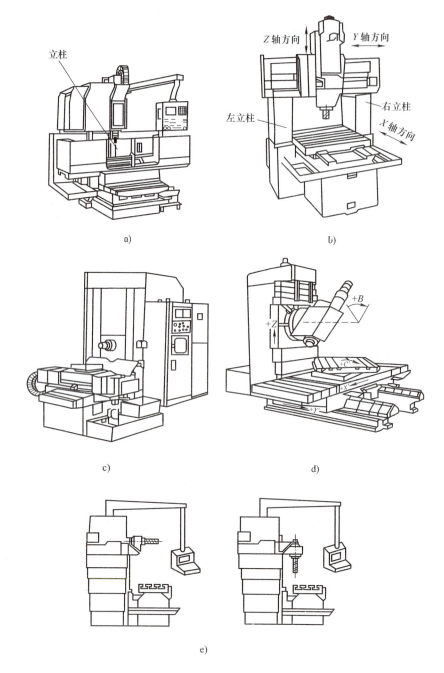

图 1-1　数控铣床
a）立式数控铣床　b）龙门式数控铣床　c）卧式数控铣床
d）五轴数控铣床　e）五面数控铣床（立卧两用）

项目一　分析数控镗铣床的加工能力

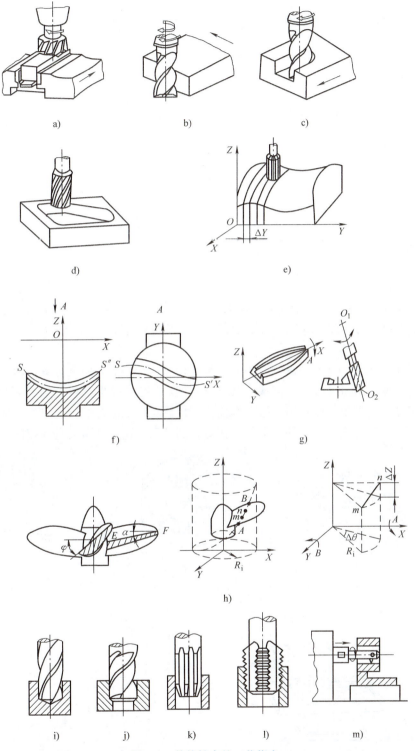

图 1-2　数控铣床的工艺能力

a) 一轴铣平面　b) 一轴铣侧面　c) 一轴铣槽　d) 两轴铣平面轮廓　e) 两轴半铣二次曲面
f) 三轴数控铣削　g) 四轴数控铣削　h) 五轴数控铣削　i) 钻孔　j) 扩孔　k) 铰孔　l) 攻螺纹　m) 镗孔

表 1-1　TK7640 型数控立式镗铣床技术参数

项　目		参　数	项　目	参　数
工作台尺寸 长/mm × 宽/mm		800 × 400	主轴转速/(r/min)	20 ~ 3000
行程/mm	X	600	压缩气压力/MPa	0.4 ~ 0.6
	Y	400	定位精度/mm	0.01/300，0.015/全长
	Z	600	重复定位精度/mm	0.008
工作台 T 形槽宽 × 数量		14H8 × 4	程序容量	64KB，200 个程序号
主轴端面到工作台面距离/mm		200 ~ 800	显示方法	9in[①] 单色 CRT
进给速度/(mm/min)		1 ~ 2000	最小输入单位/mm	0.001
快移速度/(mm/min)		10000	数控系统	FANUC 0i – MC，三轴联动
主轴锥孔		BT40	整机质量/kg	3500

注：根据用户要求，可以配用不同的数控系统。
① 1in = 25.4mm。

（二）工艺装备

工艺装备简称工装，是加工所需的夹具、刀具、量具、辅具、工位器具等的总称，是实现数控加工必不可少的工具。其中，量具、辅具、工位器具等在线一次配备齐全或可随时领用。

1. 夹具

数控铣床所用夹具与普通机床所用夹具基本相同，常用的通用夹具有机用平口虎钳、自定心卡盘（旧称三爪卡盘）、分度头（图 1-3），这些夹具通常直接安装在机床工作台上，用于夹持工件。有的工件则只用压板、螺栓等直接装夹在工作台上，还有的工件需要专用夹具装夹定位。不管怎么装夹工件，必须方便对刀测量和防止刀具与夹具等相撞（图 1-4）。

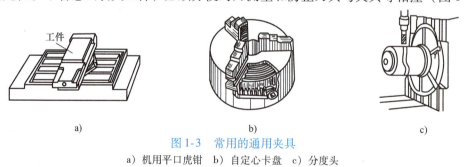

图 1-3　常用的通用夹具
a）机用平口虎钳　b）自定心卡盘　c）分度头

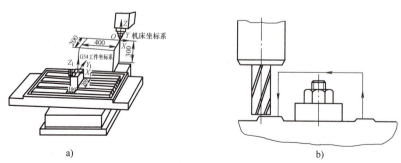

图 1-4　数控夹具基本要求
a）对刀　b）防撞

2. 刀具

数控刀具由刃具和装夹刃具的工具系统两部分组成,刃具与普通机床相同。数控机床有多种专门的工具系统,图 1-5 所示是其中之一,其中拉钉和刀柄(图 1-6)标准较多,但必须与机床主轴锥孔和拉刀机构相匹配。应该说明的是,数控铣床不需要图 1-5 所示 TSG82 中的换刀机械手夹持槽,但加工中心肯定要用。

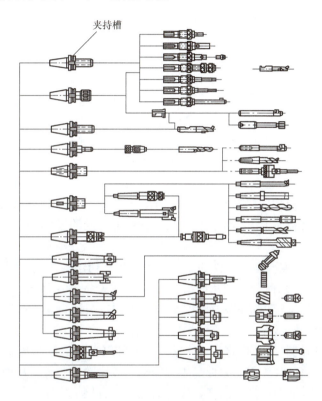

图 1-5 TSG82 整体式工具系统

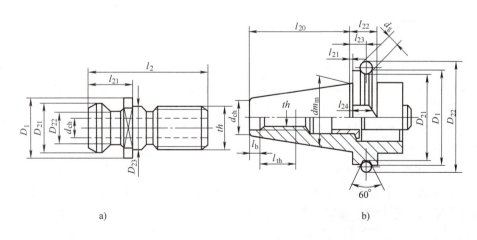

图 1-6 拉钉和刀柄

a)拉钉 b)7:24 刀柄

3. 辅具

为了方便装卸拉钉和刃具,常备有锁刀座。此外,寻边器、Z 向设定仪也是实用的对刀测量器具。

(三) 数控镗铣床的通用编程规则

1. 数控编程简介

(1) 编程分类 数控编程即数控机床加工程序(NC 代码程序)的编制,它是数控机床使用中最重要的一个环节。数控编程分手工编程和自动编程两类。

1) 手工编程。手工编程是由人工完成刀具轨迹计算及加工程序的编制工作。当零件形状不十分复杂、加工程序不太长、有多种孔时,采用手工编程方便经济。手工编程是数控编程的基础,也是数控加工的核心能力,自然是本教材的主要内容。

2) 自动编程。自动编程是用计算机自动编程软件完成对刀具运动轨迹的计算,自动生成加工程序并在计算机屏幕上可动态地显示出刀具加工轨迹的编程方法。对于形状复杂零件,特别是涉及三维立体形状或刀具运动轨迹计算繁琐时,采用自动编程。自动编程在 CAD/CAM 应用中讲述,不在本教材内容之列。

(2) 数控程序 数控程序是数控加工程序的简称,是指令数控机床自动运行的 NC 代码文件。数控机床之所以能加工出形状各异、尺寸和精度不同的零件,是因为编程人员为它编制了不同的加工程序。

1) 数控编程。数控编程是把零件加工的工艺过程、切削参数(主轴转速、进给速度和切削厚度)、位移数据(几何形状和几何尺寸等)及开关命令(换刀、切削液开/关和工件装卸等)等信息用数控系统规定的功能代码和格式按加工顺序编写成加工程序单,并记录在信息载体上的整个工作过程。

2) 信息载体。信息载体是指磁盘、U 盘等各种可以记载二进制信息的媒体。通过数控机床的输入装置,将信息载体上的数控加工程序输入机床数控装置,从而指挥数控机床按数控程序的内容加工出合格的零件。当然,较短的程序可直接从机床操作面板上输入,这种情况最普及。

2. 编程步骤

手工编程一般分为以下几个步骤,如图 1-7 所示。

(1) 分析零件图样 编程前首先应分析零件的材料、形状、尺寸、精度,以及毛坯形状和热处理等技术要求,确定有无条件加工、在什么机床上加工、需要做什么样的准备工作等。

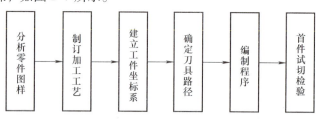

图 1-7 手工编程步骤

(2) 制订加工工艺 在分析零件图样的基础上,确定零件装夹方案、加工顺序、选择刀具、工装以及切削用量等工艺参数。若有现成的工艺卡片,需要认真阅读,领会精神,必要时协商、修改,制订适合当时条件的加工工艺。

以上两条实际上是数控加工工艺设计范畴,一般应提供工艺卡片、刀具清单和夹具等,即按照工艺卡片设计加工程序。

（3）建立工件坐标系 在最合适的位置建立工件坐标系，从而确定编程坐标尺寸计算的参考点。

（4）确定刀具路径 规划刀具路径，计算坐标数据等。

（5）编制程序 工艺参数及刀具运动轨迹的坐标值确定以后，编程人员需充分利用数控系统的指令代码、程序格式、机床功能等编写加工程序单，做到程序正确、合理、清晰、可读，以提高编程和加工效率。

（6）首件试切检验 为了保证零件加工的正确性，数控程序必须经过校验和试切合格后才能用于正常加工。一般通过图形显示和动态模拟功能或空运行等方法以检查程序格式、机床运动轨迹的正确性，并通过对第一个零件的试切削，检验被加工零件的加工精度及切削参数、刀具、量具等是否合理。如加工精度达不到要求，应分析误差产生原因，采取措施加以纠正，直至试切合格后才能转入正常自动加工，并应及时做好程序备份。

3. 数控镗铣床坐标系统

（1）机床坐标轴的命名 在数控机床中，为了便于编程时描述机床的运动，使机床移动部件能够精确定位，需要在工件或夹具上建立坐标系。为了简化程序的编制方法，保证数据的规范性、互换性和通用性，数控机床的坐标和运动方向均已标准化。

判断数控机床的坐标运动时，不管是刀具运动还是工件运动，都假定工件静止不动，刀具相对于工件运动，并且规定增大工件与刀具之间距离的方向为机床某一运动部件坐标运动的正方向。机床面板显示、编程都这样规定，不能违反。判断或命令坐标轴时，按 Z、X、Y 及其他轴的顺序进行。

1）Z 轴。Z 轴一般选取产生切削力的主轴轴线方向，以刀具远离工件的方向为正方向，如图 1-8 所示。图中工件上下不能动，需增大刀具与工件的垂向距离，只能是刀具向上运动，故向上为正。

2）X 轴。对于立式数控铣床，操作者面对机床，由主轴头部看机床立柱，水平向右方向为 X 轴正方向，如图 1-8 所示。对于龙门式数控铣床，操作者面对机床，由主轴头部看机床左立柱，水平向右方向为 X 轴正方向，如图 1-9 所示。对于卧式数控铣床，操作者从主轴尾部向主轴头部看工件，水平向右方向为 X 轴正方向，如图 1-10 所示。

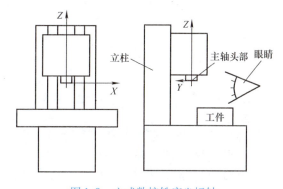

图 1-8　立式数控铣床坐标轴

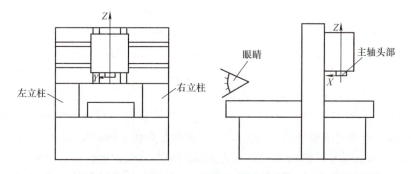

图 1-9　龙门式数控铣床坐标轴

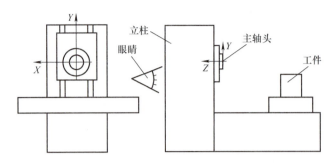

图 1-10 卧式数控铣床坐标轴

3) Y 轴。根据已确定的 X、Z 轴，按右手笛卡儿直角坐标系规则来确定 Y 轴，如图 1-11 所示。

4) 回转轴。A、B、C 回转轴根据已确定的 X、Y、Z 直线轴，用右手螺旋法则分别对应确定，如图 1-12 所示。

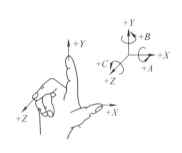

图 1-11 右手笛卡儿直角坐标系

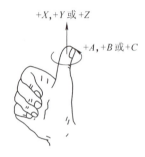

图 1-12 右手螺旋法则

5) 附加轴。附加坐标轴指平行于 X、Y、Z 轴的第二、三组直线坐标轴，分别用 U、V、W、P、Q、R 表示，第二组回转坐标轴用 D、E、F 表示，第三组尚无标准。

6) 带 "'" 坐标轴。如果假定刀具不动工件运动，这时候确定的机床坐标系其表示字母右上角带 "'"，如 X'、Y'、Z'、A'、B'、C'，如图 1-13 所示。带 "'" 与不带 "'" 机床坐标轴方向正好相反，操作人员必须对这两

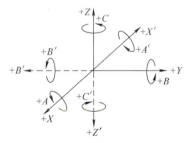

图 1-13 两种坐标系的关系

种表示方式都熟悉，即对于具体机床，有的坐标刀具运动，有的坐标工件运动，既要清楚实际坐标运动部件及方向，也要熟悉坐标假定运动部件及方向的相对运动，才能操作机床。

(2) 点与坐标系　为方便描述数控机床和数控编程，产生了一些常用术语。

1) 机床参考点。机床参考点（简称参考点）常用 R 表示。参考点是用电气行程开关和机械挡块设置的，每个数控轴上有一组，通常设在各坐标轴行程的最大或最小极限位置上，如图 1-14 所示。通常讲的参考点是各直线数控轴参考点在空间的交点。

机床正常工作前以专门的回参考点方式运动到参考点位置上，机械挡块压上电气行程开关，发出信号，强制数控系统记忆和显示机床处在参考点位置时测量基点在机床坐标系下的

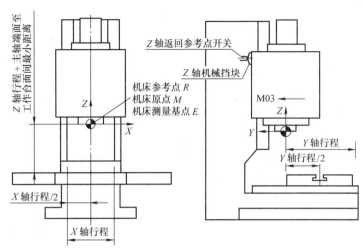

图1-14 点与机床坐标系

坐标值,由此建立了机床坐标系。从此,机床坐标轴的机械运动被数控系统记忆并在操作面板上同步以定量数字显示,实现了机电一体化。回参考点的实质,相当于给操作面板上机床坐标系各坐标轴显示寄存器自动置数(图1-15),这个坐标值可以是任意值。为了便于直观读数,通常设为0、最大行程或最小行程。

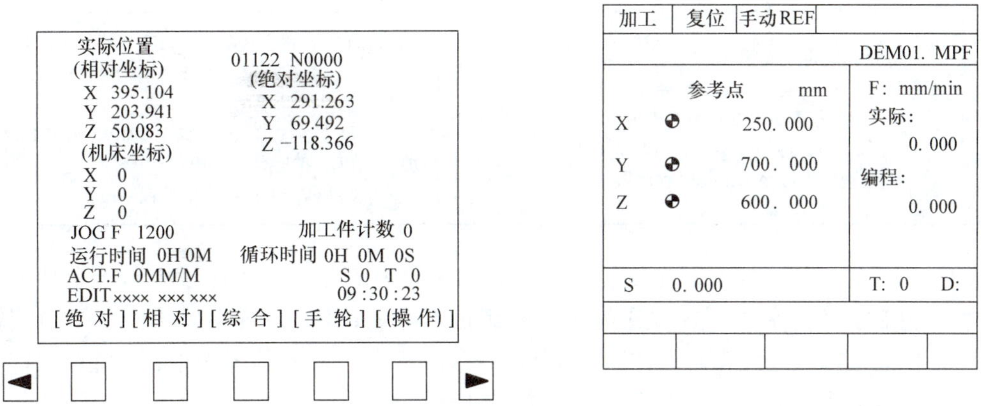

图1-15 机床返回参考点显示画面
a) FANUC 系统 b) SIEMENS 系统

只有增量式位置反馈系统才需要通过"回参考点"动作建立机床坐标系,而绝对位置反馈方式不需要设立参考点,开机后就能正常工作,需要时才以程序方式自动返回参考点即可。

回参考点由现场操作完成,与具体编程没有关系。

2) 机床原点。回参考点动作建立了机床坐标系,机床坐标系的原点称为机床原点,也称机械原点、机床零点,通常用 M 表示。和参考点一样,机床原点也是在机床装配、调试时确定的,用户一般不能随意改动。对于数控镗铣床、加工中心、数控钻床等,机床原点通常设在 X、Y、Z 三轴最大行程处(含正或负两个极限位置)的主轴端面回转中心上

（见图 1-8、图 1-9、图 1-10、图 1-14）。理由是将主轴端面回转中心作为测量基准，易于度量三轴行程及其他几何位置尺寸，相当于游标卡尺尺身的"0"线。

3）测量基点。机床运动的"机床"二字是个模糊概念，应该找一个具有代表意义的特征点来准确描述，这就是测量基点，通常用 E 来表示。对于数控铣床、加工中心、数控钻床而言，通常把主轴端面回转中心作为测量基点（见图 1-8、图 1-9、图 1-10、图 1-14）。数控机床就是控制测量基点的运动轨迹。测量基点是机床坐标系中的动点，也是刀具长度、刀具直径都等于零的点。

图 1-15 所示为机床回到参考点位置，即测量基点运动到参考点位置，机床坐标系中显示的坐标值就是测量基点的坐标值（0，0，0）、（250，700，600）。

4. 程序结构三要素及程序段格式

程序是一种计算机文件。每一条程序都由程序号、加工程序段和程序结束符号三要素组成。

（1）程序号　程序号（名）为程序的开始部分，为了区分存储器中的程序，每个程序都要有程序编号，不能重复。程序号（名）的书写格式见表 1-2。

表 1-2　程序号（名）的书写格式

系统	FANUC 数控系统	SIEMENS 数控系统
项目	程序号	程序名
格式	O□□□□;	字符.MPF;
说明	O 是规定英文字母 □□□□是四位数字，导零可略 如 10 号程序可以写为 O0010。其中 0010 中的前两个"00"称为导零，故可写成 O10 单独作为程序的第一段程序段	开始两个字符必须是字母，后续符号可以是字母、数字或下划横线，符号间不能有分割符"，"，字符总数不超过 16 个 ".MPF"是扩展名，如 SM.MPF、ABC12.MPF、DD_.MPF。扩展名".MPF"可略 作为文件名，不是程序中的程序段

（2）加工程序段　加工程序段是数控程序的主要内容，每个程序段由若干个功能字组成，每个功能字又由字母、数字或编辑单位组成。在 FANUC 系统中，功能字又叫编辑单位，在操作面板输入或编辑时，作为一个不可分割的整体。在其他系统中，功能字可能会按一个一个字符输入或编辑。加工程序段具体结构为

　　　　　　　N__　G__　X__　Z__　F__　S__　M__　T__；

各功能字的含义见表 1-3。程序段中的字根据需要可有可无，书写顺序可以调换，程序段可长可短，这种程序段格式称为字地址可变程序段格式，金属切削数控机床基本采用这种格式。尽管是字地址可变程序段格式，但建议程序段中字的书写顺序应有利于阅读，防错，不宜杂乱无章，形成自家特点为好。

表 1-3　功能字含义

功能字	名　称	说　明	编程范围
N__	程序段号（简称段号，也称顺序号）	放在程序段开头，数字一般按照从小到大书写，但程序不按程序段号顺序执行，而是按自然书写位置顺序执行。程序段号用于检索、查找、自动执行程序的位置标志等 程序号也是一条程序段	编写范围 N0～N9999，导零可以省略。如 N090 可写成 N90，090 中的第一个"0"称导零

项目一　分析数控镗铣床的加工能力

(续)

功能字	名　称	说　明	编程范围
G__	准备功能字，也称 G 代码或 G 指令	尽管 G 代码有统一的标准规定，但不同数控系统还是有区别的。常用 G 代码见附录 A	编写范围从 G0～G99，导零可以省略。现在已出现 3 位 G 代码
X__ Z__ …	坐标功能字，也称尺寸字	带正、负符号，正号常略。坐标功能字用来描述工件轮廓在坐标系中的位置，一般写在移动指令 G 代码后	机床最小输入单位机床行程范围
M__	辅助功能字，也称 M 代码或 M 指令	M 代码也有统一的标准规定，但不同数控系统还是有区别的。常用 M 代码见附录 B。同一程序段最多允许写几个 M 代码，见具体机床说明书	编写范围从 M0～M99，导零可以省略。现在已出现 3 位 M 代码
F__	进给功能字	进给速度，分为每分钟进给（mm/min）和主轴每转进给（mm/r）两种，由 G 代码确定。对于铣床、加工中心而言，常用每分钟进给	机床进给速度范围
S__	主轴转速功能字	主轴转速，其单位为 r/min	机床主轴转速范围
T__	刀具功能字	刀具号。铣床不用，加工中心用	机床规定范围
; L_F	程序段结束符号	一条程序段的结束，段与段之间的分界。FANUC 系统用"；"，SIEMENS 系统用"L_F"	自动输入时，可以自动生成

数控系统按照程序段的自然书写顺序逐行执行，并不是按照段号顺序执行，但是为了查找、手动输入方便等，建议段号从小到大等间隔编程。数控程序的执行顺序，也是光标的行进顺序，自动执行程序时，光标在每个程序段段首经过一次，这是在操作面板的显示器上能观察到的程序执行情况之一。

程序段段首前冠以"/"符号时，如果操作面板上的"程序段跳读按键"按下生效，表示该程序段省略不予执行；如果操作面板上的"程序段跳读按键"未按下生效，表示该程序段正常执行。

(3) 程序结束符号　M30 或 M02 作为整个程序结束的符号，处在程序最后一段。两者的区别在于执行 M30 后光标会返回到程序的第一段，而执行 M02 后光标停在该处，不返回，当然用 M30 方便多了。

5. 准备功能

(1) G 代码　准备功能是数控系统的功能，用 G 代码表示。G 代码由地址 G 和后面的数字组成，它规定了该程序段指令的意义。常用 G 代码见附录 A，应该熟记。

(2) G 代码分组　G 代码分组就是将系统不能同时执行的 G 代码分为一组，并以编号区别。例如，G00、G01、G02、G03 就属于同组 G 代码。同组 G 代码具有相互取代的作用，在一个程序段内只能有一个生效。当在同一程序段内同时出现两个以上的同组 G 代码时，只有排在最后位置那个 G 代码有效。对于不同组的 G 代码，在同一程序段内可以共存。

例如：G18 G40 G54；正确，所有 G 代码均不同组
　　　G00 G01 X__ Z__；执行 G01，G00 无效

（3）G代码分类　G代码有三种分类方式。

1）按续效性分类。G代码按续效性分类分为模态和非模态两大类。模态G代码一经指定，直到同组G代码出现为止一直有效，也就是说，只有同组G代码出现才能取代之。此功能可以简化编程。非模态G代码仅在所在的程序段内有效，故又称为一次性G代码，哪个程序段需要，就必须在那个程序段出现。

2）按初始状态分类。G代码按初始状态分为初始G代码（也称原始G代码）和后置G代码两种。初始G代码是数控系统通电后就生效的G代码，此功能能防止某些必不可少的G代码遗漏。后置G代码指程序段中必须书写的G代码。

3）按程序段格式分类。G代码按程序段格式分为单段G代码和共容G代码两种。单段G代码自成一条程序段，不能写入其他任何功能指令。共容G代码指该G代码所在的程序段中可以写入需要的其他G代码等。

初始G代码与机床参数设定有关，使用时要细读所用机床数控系统的G代码表。模态G代码占大多数，非模态、单段G代码数量不多，容易记忆。

6. M、S、F、G94、G95功能

（1）辅助功能M　辅助功能多数是一些有关机床动作的功能，由可编程序控制器控制，用M代码编程，由机床制造厂家规定。尽管有标准规定（参见附录B），但不同的数控系统、不同的机床有差异，使用前需细读机床使用说明书。主轴正、反转方向规定如下：从主轴尾部向主轴头部方向看，主轴顺时针方向旋转为M03，也叫主轴正转或CW旋转；主轴逆时针方向旋转为M04，也叫主轴反转或CCW旋转，如图1-16所示。主轴停转用M05编程。

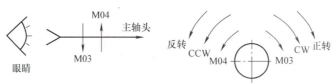

图1-16　主轴正、反转方向的判别

（2）进给功能F　进给功能F用来指定进给速度，分为每分钟进给（mm/min）和每转进给（mm/r）两种，简称分进给和转进给，编程时分别由G94、G95定义。其中，G94规定进给速度的单位是mm/min，G95规定进给速度的单位是mm/r，数控镗铣床常用mm/min。F的编程范围由机床规格决定。由进给速度给定切削用量三要素之一的进给量。

（3）主轴转速功能S　主轴转速功能S用来指定主轴转速，主轴转速的单位为r/min。S的编程范围由机床规格决定。主轴转速间接给定切削用量三要素之一的切削速度。

7. 小数点编程

计算机数控系统都具有小数点编程功能。小数点编程功能有袖珍计算器型和标准型小数点编程两种。袖珍计算器型小数点编程符合人们的数据书写习惯，即什么地方需要小数点就在什么地方写小数点，不写小数点时，默认在数据末尾有小数点。标准型小数点编程与袖珍计算器型小数点编程的区别在于，不写小数点时，默认数据是最小输入单位的倍数，小于最小输入单位的小数部分不四舍五入，直接忽略不计。两种小数点编程意义对比见表1-4。

项目一　分析数控镗铣床的加工能力

表1-4　袖珍计算器型和标准型小数点编程意义对比

编程字书写格式	含　义		机床最小输入单位
	袖珍计算器型	标准型	
X100	X100mm	X0.1mm	0.001mm
X100.	X100mm	X100mm	0.001mm
Y100.5	Y100.5mm	Y100.5mm	0.001mm
B65	B65°	B0.0065°	0.0001°
B65.	B65°	B65°	0.0001°
备　注	末尾小数点可以省略不写	末尾小数点不能省略	
	都写小数点，不会出错		

由此可见，在数据末尾都写小数点，两种小数点编程的意义一样，不会出错，但实际操作时还是经常会遗忘，新手更是如此，所以建议用户选购具有袖珍计算器型小数点编程功能的数控系统，能有效防止程序出错；也建议机床生产厂家把袖珍计算器型小数点编程功能设置成基本编程功能，不要作为任选功能。

思考与练习题

一、填空题

1. 数控加工程序结构三要素是（　　）、加工程序段和（　　）。编程用工件坐标系，永远假定刀具围绕相对（　　）的工件运动。
2. 增量式位置反馈系统的数控机床返回参考点后，机床坐标系中显示的坐标值均为零，说明机床原点与机床参考点（　　），数控机床的（　　）将在机床坐标系的（　　）半轴运行。
3. 数控铣床加工以（　　）为主，孔加工的种类（　　）太多，它比较适合加工（　　），工件经一次装夹后，能完成（　　　　　　　　）等多种工序加工。
4. 手工数控编程主要由（　）、（　）、（　）、（　）、（　）、（　）六个步骤组成，其中（　）这一步骤说明，不会操作、加工，不可能编制出正确、合理的数控加工程序。
5. 袖珍计算器型小数点编程和标准型小数点编程的最大区别是（　　）。

二、问答题

1. 字地址可变程序段格式中的"可变"是什么含义？何为编辑单位？
2. 何谓模态和非模态G代码？何谓初始和后置G代码？
3. 何谓测量基点？何谓机床原点？
4. 数控铣床X、Y、Z三坐标轴是如何判定的？

三、综合题

1. 叙述机床原点（机械原点）、参考点、测量基点间的关系。
2. 标注图1-17所示数控机床的坐标轴名称和方向。

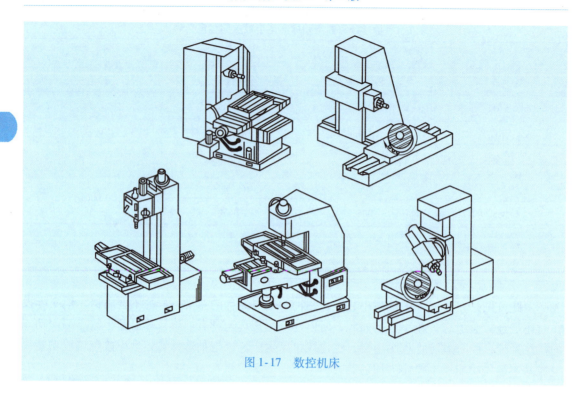

图 1-17　数控机床

项目一 分析数控镗铣床的加工能力

项目一过程考核卡

班级_____ 班组_____ 学号_____ 姓名_____ 互评学生_____ 指导教师_____ 组长_____ 考核日期____年____月____日

考核内容	序号	项目	评分标准	配分	得分	整改意见
1. 机床标牌	1	机床型号及主要技术参数	会解释机床型号的含义，理解主要参数	5		
2. 面板的组成与功用	2	标显示器、MDI键盘、遥控面板区域	方位正确	5		
	3	开机操作	正确检查相关项目后进行开机操作	5		
	4	关机操作	使机床处在安全防变形位置下关机	5		
	5	面板各按钮组成与功用	面板各按钮、旋钮的功用清楚	10		
	6	返回参考点操作	正确返回参考点，记住其机床坐标值和可动部件大概位置	5		
3. 开机与关机	7	X、Y、Z轴的JOG、MPG、INC操作	正确进行三轴正、负方向的移动操作，比较可动部件实际移动方向与坐标值显示的正、负关系，记住大概极限位置	15		
4. 返回参考点与其他手动操作	8	主轴正转、反转、停止操作	能进行机床主轴正转、反转及停止操作	5		
5. 主轴、切削液开关操作	9	MDI操作	能进行MDI方式下的各种操作	10		
6. 程序的输入、编辑	10	新程序的建立	会建立新程序	5		
7. 操作规程	11	旧程序的检索、调用、字、段的编辑	会调用旧程序，检索字、段并修改	10		
8. 机床的维护保养	12	程序的管理、复制	会进行程序管理、复制	5		
9. 遵守现场纪律	13	切削液、照明、排屑器开关操作	在手动方式下切削液规程进行，操作结束后进行机床的维护保养	5		
	14	安全操作、机床维护保养	按安全操作规程进行，操作结束后进行机床的维护保养	5		
	15	现场纪律	遵守现场纪律	5		
合计				100		

15

项目二　直线插补编程数控铣削平面模

一、学习目标

- 终极目标：会直线插补编程数控铣削加工。
- 促成目标

1）会快速定位编程。

2）会直线插补编程。

3）会用面铣刀铣平面。

4）会双边对称对刀。

5）会用立铣刀铣削开口成形槽。

二、工学任务

（1）零件图样　XPM-01 平面模如图 2-1 所示，加工 1 件。

（2）任务要求

1）用 φ63mm 直角面铣刀、φ16mm 立铣刀，在 100mm×80mm×20mm 的锻铝毛坯上仿真加工或在线加工图 2-1 所示零件。用 G00、G01 编程并备份正确程序和加工零件电子照片。

2）核对、填写"项目二过程考核卡"相关信息。

3）提交电子和纸质程序、照片以及"项目二过程考核卡"。

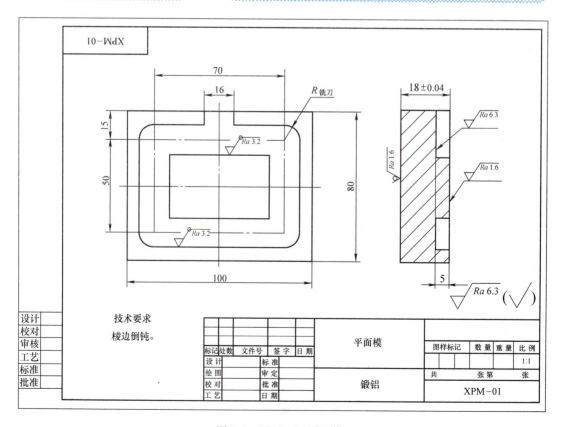

图 2-1　XPM-01 平面模

项目二 直线插补编程数控铣削平面模

项目二过程考核卡

班级_____ 班组_____ 学号_____ 姓名_____ 互评学生_____ 指导教师_____ 组长_____ 考核日期___年___月___日

考核内容	序号	项目	评分标准	配分	实操测量结果	得分	整改意见
任务：数控铣削图2-1所示零件顶面和开口咸形槽，用G00、G01编程	1	模拟刀具路径或空运行程序	各步骤正确无误	5			
	2	单程序段运行	各步骤正确无误	3			
	3	M01有条件停止	各步骤正确无误	2			
	4	带"/"程序段跳读	各步骤正确无误	5			
备料：100mm×80mm×20mm，Ra6.3μm，锻铝	5	错误查找、修正	各操作环节熟练	10			
	6	试切	各操作环节熟练	10			
	7	连续自动加工	各操作环节熟练	10			
备刀：直角面铣刀φ63mm 立铣刀φ16mm	8	顶面 Ra1.6μm	超一级扣5分	5			
	9	槽侧面 Ra3.2μm	超一级扣5分	5			
并根据具体使用数控机床组装成相应的刀具组	10	18mm±0.04mm	超0.02mm扣5分	15			
	11	槽宽50mm	超0.5mm扣5分	5			
	12	槽长70mm	超0.5mm扣5分	5			
	13	槽深5mm	超0.5mm扣5分	5			
量具：游标卡尺0~125±0.02mm	14	安全操作	按安全规程进行	5			
	15	机床维护保养	按规定进行	5			
	16	遵守现场纪律	遵守现场纪律	5			
合计				100			

三、相关知识

（一）铣平面工艺

1. 工艺方法

基准先行、先面后孔是工艺原则，先加工面，为后续加工准备好工件装夹定位基准或测量基准。铣平面时，Z 向刀具路径通常是快速下刀到工件外要求高度后进行平面加工，铣 XY 平面的刀具路径常用行切法，如图 2-2 所示。行与行之间由于机床精度误差等可能会产生高度差，特别是由于铣削方向不同产生的刀痕方向不同，存在明显的光线反射分界线。减轻分界线现象是铣平面应解决的问题，也是比较难解决的问题。

图 2-2 行切法

2. 平面铣刀、立铣刀

优先选用大规格平面铣刀加工，一方面可以尽量减少接刀痕迹，另一方面能有效提高加工表面质量和加工效率。用立铣刀端刃、侧刃铣平面，多数是由于刀具与工件相互干涉，不得已而为之的。立铣刀侧刃加工效果比端刃好得多，但还是没有平面铣刀的加工效果好。平面铣刀、立铣刀分别如图 2-3、图 2-4 所示。刀具直径 D、主偏角 κ_r、齿数是平面铣刀的主要规格参数；直径 d、齿数是立铣刀的主要规格参数；d_1 是主要安装尺寸。平面铣刀主偏角 $\kappa_r = 90°$ 时，可以加工直角台阶。平面铣刀端面中心部分无切削刃，立铣刀端面中心是中心孔，也无切削刃，所以这两种刀具常不作轴向进给加工，特别是平面铣刀更是如此。

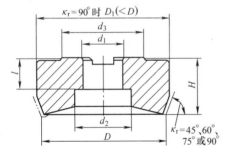

图 2-3 平面铣刀

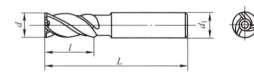

图 2-4 立铣刀

3. 切削用量

切削用量包括切削速度、进给量和背吃刀量。由于影响因素很多，常参考经验数据选用（见表 2-1～表 2-3），试切后确定。

由切削速度 v_c(m/min) 和刀具直径 d(mm) 计算编程用的主轴转速 n(r/min)，对应 S 指令值，三者关系为

$$n = 1000 v_c / (\pi d)$$

由每齿进给量 f_z(mm/z)、铣刀齿数 z 及主轴转速 S(r/min) 计算编程进给速度 v_f 或 f，对应 F 指令值，其关系为

$$f = f_z z (\text{mm/r}) \text{ 或 } v_f = n f_z z (\text{mm/min})$$

项目二 直线插补编程数控铣削平面模

表 2-1 铣刀切削速度 v_c （单位：m/min）

工件材料	硬质合金平面铣刀	高速钢立铣刀	硬质合金立铣刀
铝	<2000	180~300	300~600
钢	80~350	12~36	54~120
铸铁	80~280	5~50	21~115

表 2-2 铣削每齿进给量 f_z （单位：mm/z）

工件材料	硬质合金平面铣刀	高速钢立铣刀	硬质合金立铣刀
铝	0.05	0.07	0.1
钢	0~0.05	0.04~0.07	0.05~0.09
铸铁	0.05	0.07	0.09

表 2-3 铣削深度 t （单位：mm）

工件材料	高速钢立铣刀		硬质合金立铣刀	
	粗铣	精铣	粗铣	精铣
铸铁	5~7	0.2~1	10~18	0.5~2
软钢	<5	0.2~1	<12	0.5~2
中硬钢	<4	0.2~1	<7	0.5~2
硬钢	<3	0.2~1	<4	0.5~2

4. 工件装夹

最常用的装夹工件的夹具是机用平口虎钳，如图 2-5 所示。机用平口虎钳装夹工件时，尽量夹持长边，以增加刚度，加工平面应高出钳口。

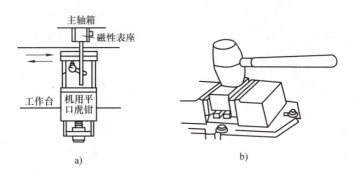

图 2-5 装夹工件
a) 找正机用平口虎钳　b) 装夹工件

（二）编程指令

1. 工件坐标系 G53~G59/G53~G59、G153、G500

（1）工件坐标系与工件零点　工件坐标系又称编程坐标系，是编程和加工时用来定义刀具相对工件运动的坐标系。编程时，首先要建立工件坐标系，这有两个目的：其一是确定工件安装在机床什么位置，其二是便于计算程序中的坐标尺寸，即程序中的 X、Y、Z、A、B、C 是工件坐标系中的坐标值。工件坐标系与不带"'"的机床坐标系平行，工件坐标系的原点（又称编程原点或工件零点）在机床坐标系中的坐标值称为零点偏置值，此值在实际操作时通过对刀获得，从机床面板输入到零点偏置存储器保存，断电不会丢失，编程时用相应的选择工件坐标系 G 代码调用。工件坐标系符合右手笛卡儿直角坐标系规则，编程时永远假定工件不动，刀具围绕工件运动。编程中用到的坐标尺寸，均是指工件坐标系中的坐标尺寸，编程人员在不知道机床具体结构的情况下，可以依据零件图样确定机床的加工过程。而机床将工件坐标尺寸与零点偏置值的代数和作为运动目标位置，工件坐标系就是这样简化计算编程尺寸的。装夹工件时，工件坐标系必须平行于机床坐标系，且正、负方向应相同。

（2）工件坐标系的建立　编程时必须首先确定工件坐标系。工件坐标系零点通常设定在工件或夹具的合适位置上，便于对刀测量、坐标计算。若能与定位基准重合可以减少装夹误差，大大减少尺寸转换计算量，直接用同样尺寸编程。工件零点偏置值，由对刀测得。如图 2-6 所示，假定机床坐标系原点是 O 点，工件零点是 O_1 点，零点偏置值设定在 G54 中，对刀测得 G54 工件零点 O_1 的偏置值 $X = -400$，$Y = -200$，$Z = -300$，通过机床操作面板输入到工件零点偏置存储器 G54 中，编程时用 G54 调用这组数据即可，由此便建立了工件坐标系 G54。

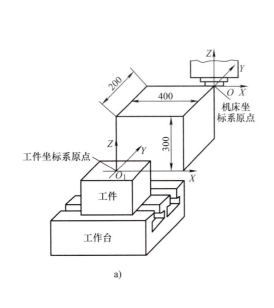

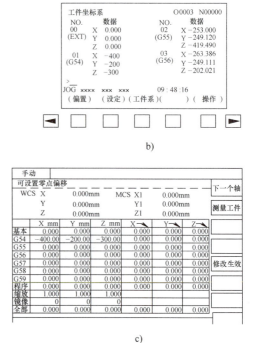

图 2-6　工件坐标系的建立

a）坐标系图示　b）FANUC 系统零点偏置画面　c）SIEMENS 系统零点偏置画面

（3）可设定工件坐标系 G54 ~ G59　可设定工件坐标系 G54 ~ G59 是同组模态 G 代码，可独立设定六个工件坐标系，相当于存储零点偏置值存储器的代码，在程序中调用相应的工件零点偏置值。由于偏置值可通过机床面板输入设定，故名"可设定"。

指令格式：$\begin{Bmatrix} G54 \\ \sim \\ G59 \end{Bmatrix}\cdots;$

程序中 G54~G59 后的坐标值就是某一坐标点在该工件坐标系中的坐标值。机床坐标系与工件坐标系的关系如图 2-7 所示，工件坐标系 G54 的原点在机床坐标系中的坐标为（X20，Y20），工件坐标系 G55 的原点在机床坐标系中的坐标为（X70，Y40），这两组坐标值都是零点偏置值，而不是编程尺寸字。一条程序中，为了减少坐标计算量等，可以使用多个工件坐标系。

（4）取消工件坐标系 G53/G53、G153、G500　取消工件坐标系之后，返回到机床坐标系，指令格式见表 2-4。返回机床坐标系或取消工件坐标系，是机床厂家常用来命令运动坐标到达某些固定位置用的，编程不经常使用。

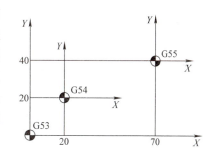

图 2-7　机床坐标系与工件坐标系

表 2-4　取消工件坐标系指令格式

FANUC 数控系统	SIEMENS 数控系统
G53 X__ Y__ Z__; 取消所有工件坐标系，返回机床坐标系，X、Y、Z 是机床坐标值。非模态 G 代码	G53 X__ Y__ Z__; 取消可设定、可编程工件坐标系，X、Y、Z 是当前坐标系中的坐标值，绝对值。当前坐标系可能是机床坐标系，也可能是框架。非模态 G 代码
	G153 X__ Y__ Z__; 取消可编程、可设定工件坐标系、框架，回到机床坐标系，X、Y、Z 是机床坐标值，绝对值。非模态 G 代码
	G500 X__ Y__ Z__; 仅取消可设定工件坐标系，X、Y、Z 是当前坐标系的坐标值，绝对值。当前坐标系可能是可编程、框架或机床坐标系。08 组模态 G 代码

2. 绝对尺寸编程与增量尺寸编程 G90、G91/G90、G91、AC、IC

G90/G91 规定坐标尺寸编写格式，是同一问题的两种表示方式，与加工质量无关。G90/G91 是同组 G 代码，建议将 G90 设成初始 G 代码。G90 为绝对（值）编程，即编程坐标尺寸是当前工件坐标系中的终点坐标值，由坐标值的正、负可断定刀具所在象限。G91 为增量（相对）编程，即编程尺寸是终点坐标与起点坐标之差，差值为正时表示刀具运动方向与坐标轴正方向相同，为负时表示与坐标轴负方向相同。理解 G90/G91 编程的物理含义，有助于快速阅读程序等。在图 2-8 所示的工件坐标系 G54 中，刀具从 A 点运动到 B 点，分别用绝对（G90）与增量（G91）编程（见表 2-5）。

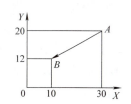

图 2-8　绝对/增量编程

表 2-5　绝对与增量尺寸编程

FANUC 数控系统	说明	SIEMENS 数控系统
G54 G90 G01 X10 Y12 F100;	G90 编程	同
G54 G91 G01 X-20 Y-8 F100;	G91 编程	同

(续)

FANUC 数控系统	说明	SIEMENS 数控系统
无	AC 编程	G54 G01 X＝AC（10）Y＝AC（12）F100;
	IC 编程	G54 G01 X＝IC（-20）Y＝IC（-8）F100;
	AC、IC 混合编程	G54 G01 X＝AC（10）Y＝IC（-8）F100;
		G54 G01 X＝IC（-20）Y＝AC（12）F100;

需要说明的是，由于程序开始运行前，刀具位置不确定，起点坐标未知，所以第一条加工程序段应该用 G90 编程，而不用 G91。

SIEMENS 系统中，绝对值编程 AC 与增量值编程 IC 只针对一个坐标字，在同一条程序段中，对于不同的坐标值，既可以用绝对值编程，也可以用增量值编程。

3. 英制与米制转换 G20、G21/G70、G71

英制与米制转换指定编程坐标尺寸、可编程零点偏置值、进给速度的单位（见表 2-6），补偿数据的单位由机床参数设定，要注意查看机床使用说明书。

表 2-6 英制与米制转换

FANUC 数控系统指令格式	说明	SIEMENS 数控系统指令格式
G20…;	长度单位为 in（英寸）	G70…;
G21…;	长度单位为 mm（毫米）	G71…;

G20、G21/G70、G71 是两种系统的同组、模态 G 代码，建议将 G21/G71 设成初始 G 代码。

4. 快速定位 G00

快速定位 G00 指令刀具以机床参数设定的快速移动速度从起点运动到终点，各种数控系统的指令格式基本相同。

指令格式：G00 X__ Y__ Z__;

对于图 2-9 所示，X、Y、Z 是线段终点 B 的坐标，线段起点 A 的坐标是上一程序段的终点坐标，刀具从起点运动到终点的同一程序段有两种路径，即直线路径 AB

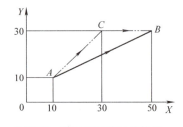

图 2-9 G00 的两种运动轨迹

或折线路径 ACB。具体是哪一种路径由机床数据设定。厂家常设定成折线运动方式，即各坐标单独运动，需要几个坐标运动就写几个坐标字。

G00 指令的移动速度最快（机床数据设定），一般不允许在移动过程中切削工件，防撞。进给功能 F 无须指定，即使指定也仅作存储备用。

5. 直线插补 G01

刀具用 F 代码指令的速度以直线方式 G01 从起点移动到终点，各种数控系统指令格式基本相同。

指令格式：G01 X__ Y__ Z__ F__;

G01 直线插补，模态指令，后加坐标功能字，使刀具只能作任意斜率的直线运动。X、Y、Z 是直线终点坐标，直线起点坐标是上一程序段的终点坐标。进给速度 F 由于是模态量，可以提前赋值，所以该编程格式中不一定要指定 F 代码，但前面的程序段中一定要有合适的 F 代码。指令格式中的坐标值，不管是直线轴还是回转轴，要求联动，其总数当然不能

图 2-9 所示 AB 直线程序段是：G90 G01 X50 Y30 F__；或 G91 G01 X40 Y20 F__；

四、相关实践

1. 编程

完成本项目图 2-1 所示的数控铣削"XPM-01 平面模"的程序设计。

（1）确定编程方案　四周 $Ra6.3\mu m$、底面 $Ra1.6\mu m$ 的 100mm×80mm×20mm 锻铝毛坯，顶面用 $\phi63mm$ 的直角面铣刀粗、精加工各一次，精加工余量 0.3mm；槽用 $\phi16mm$ 的高速钢直柄普通立铣刀一次加工完成；先加工面，后加工槽。

由于不能自动换刀，要手工换刀，所以两把刀各编一条程序，面加工用一条程序，槽加工用另一条程序。

（2）刀具路径　面加工刀具路径如图 2-10 所示，工件坐标系建立在工件毛坯顶面中心，用 G54。在点 1 处下刀，粗加工下刀高度 Z-1.7，平面路径 1→2→3→4→1；点 1 精加工下刀（高度 Z-2 实测调整）→2→3→4，点 4 抬刀（Z200）。尺寸 90mm、85mm 是由工件一半长度 50mm、刀具半径 31.5mm 和安全距离决定的，安全距离由毛坯尺寸精度决定。尺寸 50mm 由加工宽度 80mm、刀具半径 31.5mm 和两刀重叠量决定，不留加工残留量，尽可能均分两刀切削宽度来决定。刀具路径的规划，在保证加工精度的前提下，长度越短越好，也要注意顺逆的切削方向等。

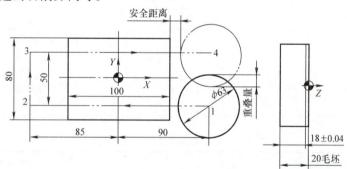

图 2-10　面加工刀具路径

槽加工刀具路径如图 2-11 所示，工件坐标系建立在工件顶面中心，用 G55。点 1 下刀

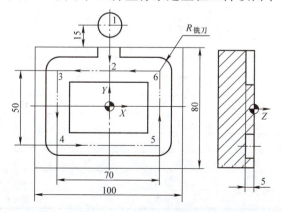

图 2-11　槽加工刀具路径

高度 Z-5，平面路径 1→2→3→4→5→6→2→1，点 1 抬刀 Z200。$R_{铣刀}$ 由刀具半径自动形成。

（3）编制程序　加工如图 2-1 所示平面的程序见表 2-7，加工如图 2-1 所示槽的程序见表 2-8。

表 2-7　加工如图 2-1 所示平面的程序

段号	FANUC 数控系统	备　注	SIEMENS 数控系统
	O21；	程序号（名）	SMS21. MPF
N10	G90 G00 G54 X90 Y-25 S800 M03；	点 1 上方初始化，主轴正转，S=800r/min	G90 G00 G54 X90 Y-25 S800 M03；
N20	Z-1.7；	下刀深度	Z-1.7；
N30	G01 X-85 F200；	G90 编程，与上段相同坐标可略，相同坐标说明该坐标在本段中静止不动，相同坐标写上也可，后同。点 2，进给速度为 200mm/min	G01 X-85 F200；
N40	G00 Y25；	点 3，脱刀不加工，加快速度	G00 Y25；
N50	G01 X90；	点 4	G01 X90；
N60	G00 Y-25；	点 1，为精加工防碰撞做准备	G00 Y-25；
N70	M01；	面板控制选择停止，测量工件	M01；
N80	G90 G00 G54 Z-2 S800 M03；	从 N80 段开始重新执行，点 1 下刀，实测 18±0.04mm 后修改 Z-2	Z-3；
N90	G01 X-85 F150；	点 2，进给速度为 150mm/min	G01 X-85 F150；
N100	G00 Y25；	点 3	G00 Y25；
N110	G01 X90；	点 4	G01 X90；
N120	G00 Z200；	点 4 抬刀	G00 Z200；
N130	M30；	程序结束	M30；

表 2-8　加工如图 2-1 所示槽的程序

段号	FANUC 数控系统	备　注	SIEMENS 数控系统
	O22；	程序号（名）	SMS22. MPF
N10	G90 G00 G55 X0 Y55 S600 M03；	点 1 上方初始化，主轴正转，S=600r/min	G90 G00 G55 X0 Y55 S600 M03；
N20	Z-5；	下刀点 1	Z-5；
N30	G01 Y25 F150；	点 2，进给速度为 150mm/min	G01 Y25 F150；
N40	X-35 Y25；	点 3	X-35 Y25；
N50	X-35 Y-25；	点 4	X-35 Y-25；
N60	X35 Y-25；	点 5	X35 Y-25；
N70	X35 Y25；	点 6	X35 Y25；
N80	X0；	点 2	X0；
N90	Y55；	点 1	Y55；
N100	G00 Z200；	点 1 抬刀	G00 Z200；
N110	M30；	程序结束	M30；

2. 双边对称对刀

所谓双边对称对刀常指在一个坐标轴方向上，通过测量两个点在机床坐标系中的坐标值，来计算设定以该两点的中点为工件坐标系原点的零点偏置值方法。如图2-12所示，若工件坐标G54原点设在工件顶面中心上，用双边对称对刀方式设定其零点偏置值：用立铣刀分别试切（或检验棒接触）工件的左侧位置1和右侧位置2，得相应点在机床坐标系中的坐标值分别为 X_1、X_2，则工件坐标G54中 X 轴的零点偏置值为 $(X_1+X_2)/2$，将其设入零点偏置画面的G54中即可。同理测量设定 Y 轴。双边对称对刀等分工件两侧余量较为准确。

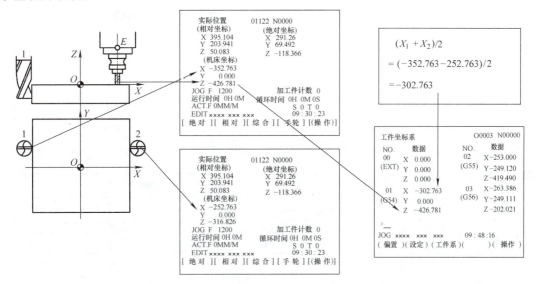

图2-12 双边对称对刀

Z 轴是单边对刀，装好工件、刀具后，刀位点与工件坐标系 Z 向零点平面接触，此时刀位点在机床坐标系中的坐标值为工件坐标系G54中 Z 轴的零点偏置值，将其直接设入零点偏置画面的G54中即可，如图2-12中的 $Z-426.781$。

思考与练习题

一、填空题

1. 编程时，必须首先确定（   ），零点偏置值是不带"'"的机床坐标系平移的（   ），待操作加工时具体实测，它决定了（   ）与机床的位置关系。
2. 双边对称对刀的最大好处是（   ）两侧余量或毛坯，但必须测这两侧两点坐标。
3. G01的运动轨迹永远是（   ），而G00的运动轨迹可能是（   ）。
4. G90编程的意思是 X、Y、Z、A、B、C 等坐标值是（   ）值；G91规定坐标值等于（   ），正号表示刀具运动方向与坐标轴（   ）向相同。

二、问答题

1. 编程为什么要用工件坐标系？
2. G00一般是插补运动G代码吗？它的运动速度是由编程指令的吗？
3. G54~G59后的 X、Y、Z、A、B、C 等是编程坐标值还是零点偏置值？
4. 主轴旋转方向是如何规定的？它与刀具切削刃的方向有何关系？

三、综合题

编程，用 φ63mm 面铣刀、φ16mm 立铣刀数控仿真加工或在线加工如图 2-13 所示的零件，仅对图 2-14 所示的零件数控编程。

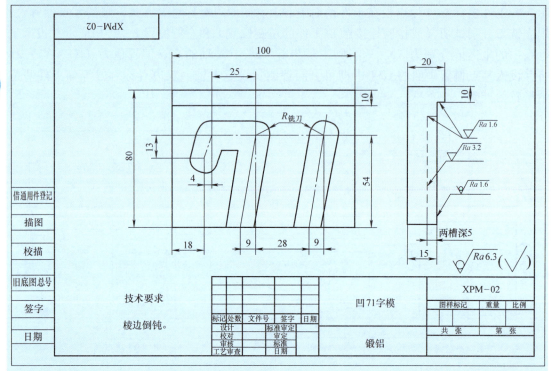

图 2-13 凹字模

项目二 直线插补编程数控铣削平面模

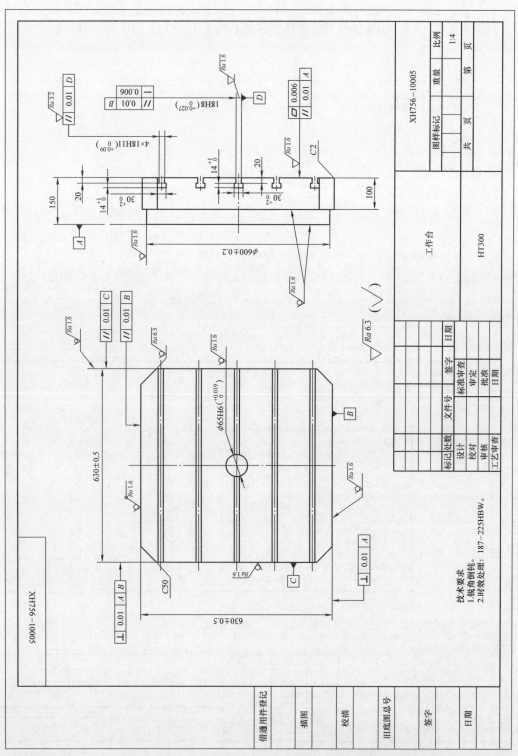

图 2-14 工件台

项目三　圆弧插补编程数控铣削成形槽

一、学习目标

● 终极目标：会圆弧插补编程数控铣削加工。

● 促成目标

1）会圆弧插补编程。

2）会倒角/倒圆编程。

3）会计算基点坐标。

4）会单边对刀。

5）会用键槽铣刀铣削封闭成形槽。

二、工学任务

（1）零件图样　XCC-01 成形槽如图 3-1 所示，加工 1 件。

（2）任务要求

1）用 φ10mm 键槽铣刀，在 100mm×80mm×20mm 的锻铝毛坯上仿真加工或在线加工图 3-1 所示的零件。用 G01/G02、G03 编程并备份正确程序和加工零件电子照片。

2）核对、填写"项目三过程考核卡"相关信息。

3）提交电子和纸质程序、照片以及"项目三过程考核卡"。

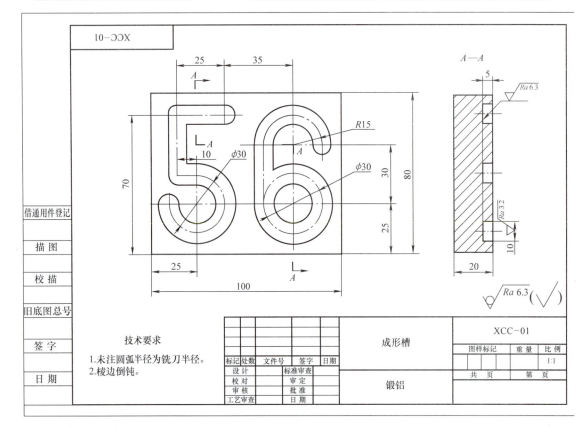

图 3-1　XCC-01 成形槽

项目三 圆弧插补编程数控铣削成形槽

项目三过程考核卡

班级_____ 班组_____ 学号_____ 姓名_____ 互评学生_____ 指导教师_____ 组长_____ 考核日期_____年_____月_____日

考核内容	序号	项目	评分表 评分标准	配分	实操测量结果	得分	整改意见
任务：数控铣削图3-1所示零件成形槽，用G02、G03编程 备料：100mm×80mm×20mm，$Ra6.3\mu m$，锻铝 备刀：键槽铣刀φ10mm 并根据具体使用数控机床组装成相应的刀具组 量具：游标卡尺0~125mm，分度值为0.02mm	1	单边对刀	各步骤正确无误	17			
	2	定位尺寸25mm	超0.5mm扣2分，扣完为止	4			
	3	定位尺寸25mm	超0.5mm扣2分，扣完为止	4			
	4	定位尺寸35mm	超0.5mm扣2分，扣完为止	4			
	5	宽度尺寸25mm	超0.5mm扣2分，扣完为止	6			
	6	定形尺寸φ30mm	超0.5mm扣2分，扣完为止	6			
	7	定形尺寸φ30mm	超0.5mm扣2分，扣完为止	6			
	8	定形尺寸R15mm	超0.5mm扣2分，扣完为止	6			
	9	槽宽10mm	一处超0.5mm扣2分，扣完为止	10			
	10	槽深5mm	一处超0.5mm扣2分，扣完为止	10			
	11	表面粗糙度	一处超0.5mm扣3分，扣完为止	15			
	12	安全操作	违章操作不得分	5			
	13	机床的维护保养	机床维护保养达不到要求不得分	5			
	14	遵守现场纪律	不遵守纪律不得分	5			
		合计		100			

三、相关知识

（一）铣成形槽工艺

1. 工艺方法

所谓成形槽指槽的截面形状与所用铣刀轴向剖面形状相同或部分相同的封闭槽和敞开槽。工艺上常用成形铣刀加工成形槽。

常用成形槽有键槽、T形槽、燕尾槽、U形槽等，加工方法基本相同。对于平面成形槽，先Z向加工到一定深度，后在XY平面内加工，成形铣刀中心轨迹就是槽的中心线。Z向工进加工封闭成形槽时，要求成形铣刀端面切削刃至中心，防止无刃加工顶刀，必要时需预钻大小、深度合适的工艺孔，才能加工。

用成形铣刀两侧刃加工，消除封闭成形槽下刀、抬刀处的刀痕比较困难。单侧刃加工或在有敞开的地方下刀、抬刀是优选的工艺方法。

2. 键槽铣刀

键槽铣刀是较简单的成形铣刀，常用来加工键槽、矩形槽等成形槽。键槽铣刀有两个对称切削刃，端面切削刃至中心（见图3-2），Z向即轴向可以工进加工，但比侧刃加工粗糙、排屑困难；同样是侧刃加工，

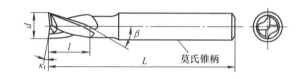

图3-2 键槽铣刀

两刃比多刃平稳性差、振动严重。Z向的进给速度一般取XY向进给速度的一半以下。

（二）编程指令

1. 插补平面 G17～G19 与圆弧插补 G02、G03

圆弧插补只能在选定的平面内以给定的进给速度插补。G02是顺时针圆弧插补，G03是逆时针圆弧插补。G17选择XY平面，G18选择ZX平面，G19选择YZ平面。圆弧插补方向与平面选择的关系如图3-3所示。如果站在插补平面的背面看，G02、G03的方向正好与图示相反，这点必须引起高度重视。

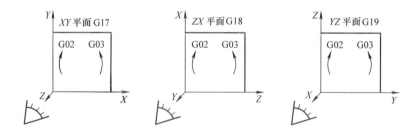

图3-3 圆弧插补方向与平面选择的关系

（1）用圆弧半径编程　用圆弧半径编程的圆弧插补指令格式见表3-1。

项目三 圆弧插补编程数控铣削成形槽

表 3-1 用圆弧半径编程的圆弧插补指令格式

系统	FANUC 数控系统	SIEMENS 数控系统
格式	G17 {G02 / G03} X__ Y__ R__ F__ ; G18 {G02 / G03} X__ Z__ R__ F__ ; G19 {G02 / G03} Y__ Z__ R__ F__ ;	G17 {G02 / G03} X__ Y__ CR=__ F__ ; G18 {G02 / G03} X__ Z__ CR=__ F__ ; G19 {G02 / G03} Y__ Z__ CR=__ F__ ;
说明	R 是圆弧半径 X、Y、Z 是圆弧终点坐标,用 G90 或 G91 编程 圆弧半径 R/CR 有正负之分,若用 α 表示圆弧所对应的圆心角,当 0<α<180°,圆弧半径 R/CR 取正值;180°≤α<360°时,圆弧半径 R/CR 取负值;当 α=360° 即整圆时,不能用圆弧半径编程。图 3-4 中,R_1 取正(+号常略),R_2 取负(-)	CR 是圆弧半径 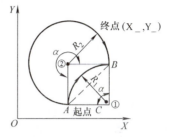 图 3-4 圆弧半径编程

【促成任务 3-1】 如图 3-5 所示刀具中心轨迹,用圆弧半径、插补参数编程,并仿真加工。给定毛坯尺寸 120mm×120mm×20mm,φ10mm 键槽铣刀,基点坐标见表 3-2。

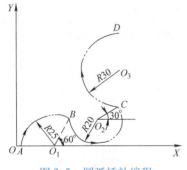

图 3-5 圆弧插补编程

表 3-2 基点坐标

点	X	Y	点	X	Y
O	0	0	C	79.821	31.651
A	5	0	D	79.821	91.651
B	42.5	21.651	O_1	30	0
O_2	62.5	21.651	O_3	79.821	61.651
O_4	97.141	81.651			

【解】 工件坐标系建立在毛坯顶面、左下角 O 处,O 点下刀。刀具路径:点 O→点 A→点 B→点 C→点 D,程序见表 3-3。

表 3-3 促成任务 3-1 程序

段号	FANUC 数控系统	备注	SIEMENS 数控系统
	O211;	程序号(名)	SMS211.MPF;
N10	G90 G00 G54 X0 Y0 S2000 M03;	快速定位到 G54 指令工件坐标系中的点 O,主轴正转,转速 2000r/min	G90 G00 G54 X0 Y0 S2000 M03;
N20	Z5;	安全距离	Z5;

(续)

段号	FANUC 数控系统	备 注	SIEMENS 数控系统
	O211;	程序号（名）	SMS211.MPF;
N30	G01 Z-2 F500;	下刀深度2mm，进给速度为500mm/min	G01 Z-2 F500;
N40	G01 X5 Y0 F1000;	刀具以1000mm/min 的速度直线插补到点 A	G01 X5 Y0 F1000;
N50	G02 X42.5 Y21.651 R25 F1200;	刀具以1200mm/min 的速度顺时针圆弧插补到点 B	G02 X42.5 Y21.651 CR=25 F1200;
N60	G03 X79.821 Y31.651 R20;	刀具沿弧 BC 逆时针到点 C，J0 可略	G03 X79.821 Y31.651 CR=20;
N70	G91 G02 X0 Y60 R-30;	刀具以增量值沿弧 CD 顺时针到点 D	G91 G02 X0 Y60 CR=-30;
N80	G00 Z200;	抬刀	G00 Z200;
N90	M30;	程序结束	M30;

（2）用插补参数编程　用插补参数编程的指令格式见表3-4。

表3-4　插补参数编程的指令格式

数控系统	FANUC 数控系统	SIEMENS 数控系统
格式	G17 {G02/G03} X__ Y__ I__ J__ F__; G18 {G02/G03} X__ Z__ I__ K__ F__; G19 {G02/G03} Y__ Z__ J__ K__ F__;	同 FANUC 数控系统
说明	X、Y、Z 是圆弧终点坐标，用 G90 或 G91 编程 插补参数 I、J、K 分别是圆弧起点到圆心的矢量在 X、Y、Z 方向的分量，即插补参数等于圆心坐标减去起点坐标，如图3-6所示，这与 G90/G91 无关 当插补参数为正时，表示运动方向与坐标轴正方向相同；为负时，表示运动方向与坐标轴正方向相反；为零时，可以省略不写 用插补参数可以编制任意大小的圆弧插补程序，整圆只能用插补参数编程，不需要写入终点坐标	

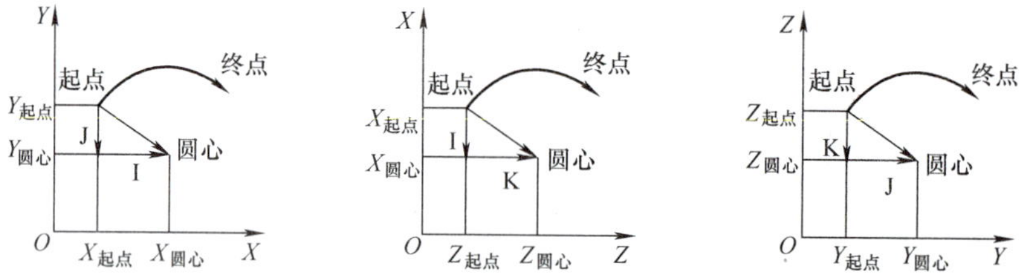

图3-6　插补参数

2. 基点

构成零件轮廓的不同几何素线的交点、切点或端点称为基点，如直线与直线的交点、直线与圆弧的交点或切点、圆弧与圆弧的交点或切点等。基点可以直接作为其运动轨迹的起点或终点。图3-7中的 A、B、C、D、E 和 F 各点都是该零件轮廓上的基点。一般一条几何素线编一条

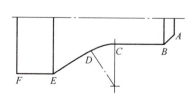

图3-7　图样轮廓上的基点

程序段。

一般根据零件图样所给已知条件用代数、三角、几何或解析几何的有关知识,可直接计算出基点尺寸,对于复杂的运算还得借助于计算机。在计算时,要注意将小数点后边的位数留够,以保证足够的精度。一般编程尺寸保留的小数点位数是机床最小输入单位的位数,中间计算过程应多保留1位小数。

用CAD绘制二维图,捕捉坐标点是方便的。CAD绘制二维图时,要求尺寸精度设置成0.001mm、0.0001°(机床最小输入单位),严格按比例绘图,抓取切点、交点、端点,要准确无误。

四、相关实践

1. 编程

完成本项目图3-1所示的"XCC-01成形槽"数控铣削的程序设计。

(1) 建立工件坐标系 为了少算尺寸,分别在两个φ30mm中心、工件顶面上建立G54、G55两个工件坐标系,如图3-8所示。

(2) 编程方案 封闭槽宽10mm,用φ10mm的高速钢键槽铣刀一次加工完成$Ra3.2\mu m$的表面,进给速度(F值)要小一点。

(3) 刀具路径 Z向进刀分两段编程,先G00后G01,不仅提高效率,还防撞刀。XY平面刀具路径如图3-8所示,点1下刀,刀具路径为:点1→点2→点3→点4→点5→抬刀→点6→下刀→点7→点8→经点9→点8,点8抬刀。

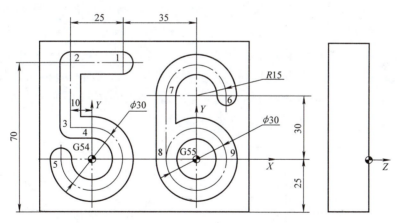

图3-8 刀具路径

(4) 编制程序 程序见表3-5。

表3-5 加工图3-1零件程序

段号	FANUC 数控系统	备 注	SIEMENS 数控系统
	O21;	程序号(名)	SMS21.MPF;
N10	G90 G00 G54 X15 Y45 S800 M03;	点1上方初始化	G90 G00 G54 X15 Y45 S800 M03;
N20	Z5;	点1上方安全距离	Z5;

（续）

段号	FANUC 数控系统 O21；	备 注 程序号（名）	SIEMENS 数控系统 SMS21. MPF；
N30	G01 Z-5 F40；	点1下刀	G01 Z-5 F40；
N40	X-10 F70；	点2	X-10 F70；
N50	Y15；	点3	Y15；
N60	X0；	点4	X0；
N70	G02 X-15 Y0 R-15；	点5	G02 X-15 Y0 CR=-15；
N80	G00 Z5；	抬刀	G00 Z5；
N90	G55 X15 Y30；	点6	G55 X15 Y30；
N100	G01 Z-5 F40；	点6下刀	G01 Z-5 F40；
N110	G03 X-15 Y30 R-15 F70；	点7	G03 X-15 Y30 CR=-15 F70；
N120	G01 X-15 Y0；	点8	G01 X-15 Y0；
N130	G03 I15；	点8—点9—点8	G03 I15；
N140	G00 Z200；	抬刀	G00 Z200；
N150	M30；	程序结束	M30；

2. 单边对刀

相对双边对刀来说，单边对刀是指通过测量一个点在机床坐标系中的坐标值来计算设以任意一点为工件坐标系原点的零点偏置值方法。如图3-9所示，若工件坐标 G54 原点设在工件顶面任意位置 O 上，用立铣刀试切（或定尺寸检验棒接触）工件任一侧位置，如 X 轴向的左侧位置1，得该点在机床坐标系中的坐标值为 X_1，则工件坐标 G54 中 X 轴的零点偏置值为 $X_1 \pm (R+L)$，当从测量位置到工件坐标零点位置的方向与坐标轴方向一致时取正（+），反之取负（-），将测量计算结果输入零点偏置画面的 G54 中即可。Y 轴对刀方法同理。Z 轴对刀方法与项目二所述相同，直接测量设定。

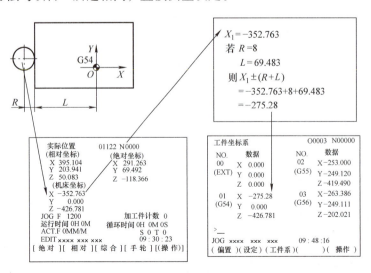

图3-9 单边对刀

五、拓展知识

倒角与倒圆 C、R/CHF、RND

倒角与倒圆指令，用来在两条线间插入倒角或倒圆轨迹，以简化编程，一条程序段轨迹走两条线素，指令格式见表 3-6。

表 3-6 倒角、倒圆指令格式

FANUC 数控系统	说　　明	SIEMENS 数控系统
G01 X__ Y__ , C__ ;	直线后插入倒角	G01 X__ Y__ CHF =__ ;
$\begin{Bmatrix}G02\\G03\end{Bmatrix}$ X__ Y__ R__ , C__ ;	圆弧后插入倒角	
G01 X__ Y__ , R__ ;	直线后插入倒圆	G01 X__ Y__ RND =__ ;
$\begin{Bmatrix}G02\\G03\end{Bmatrix}$ X__ Y__ R__ , R__ ;	圆弧后插入倒圆	
	X、Y 表示两边线交点坐标，如图 3-10 所示	
, C 表示倒角边长	如图 3-10a 所示	CHF 表示倒角斜边长
, R 表示倒圆圆角半径	如图 3-10b 所示	RND 表示倒圆圆角半径

注：1. 如果其中一条边线长度不够，则自动削减倒角或倒圆大小。
2. 仅在同一插补平面内倒角或倒圆，不能跨插补平面进行。
3. 如果连续三条以上程序段没有运动指令，则不能倒角、倒圆。不过随着系统版本的提高，可能会有所改进。

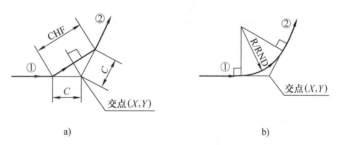

FANUC①: G01 X_Y_,C_;　　　　FANUC①: G01 X_Y_,R_;
SIEMENS①: G01 X_Y_ CHF=_;　　SIEMENS①: G01 X_Y_ RND=_;

图 3-10 倒角与倒圆
a) 直线间倒角　b) 直线间倒圆

【促成任务 3-2】 用倒角、倒圆指令编程，并用 φ5mm 键槽铣刀在 100mm × 80mm × 20mm 的料上仿真加工，刀具中心轨迹如图 3-11 所示点 1→点 2→点 3→点 4→点 1，Z 向深度 5mm。

【解】 工件坐标系建立在工件顶面点 1 处，程序见表 3-7，仿真过程略。

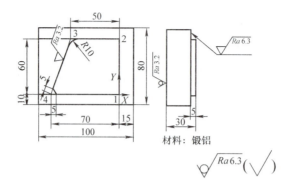

图 3-11 倒角和倒圆编程

表 3-7 促成任务 3-2 程序

段号	FANUC 数控系统	备 注	SIEMENS 数控系统
	O13；	程序号（名）	SMS13. MPF；
N10	G90 G00 G54 X0 Y0 S1500 M03；	点 1 定位	G90 G00 G54 X0 Y0 S1500 M03；
N20	Z5；	安全距离	Z5；
N30	G01 Z-5 F200；	下刀深度，进给速度为 200mm/min	G01 Z-5 F200；
N40	G01 X0 Y60；	点 2	G01 X0 Y60；
N50	G01 X-50，R10；	点 3 倒圆 R10mm	G01 X-50 RND=10；
N60	G01 X-70 Y0，C5；	点 4 倒角 C5 $\alpha = \arctan\dfrac{60}{20}$ $CHF = \sqrt{5^2 + 5^2 - 2 \times 5 \times 5 \cos\alpha} = 5.874$	G01 X-70 Y0 CHF=5.874；
N70	G01 X0 Y0；	点 1	G01 X0 Y0；
N80	Z200；	抬刀	Z200；
N90	M30；	程序结束	M30；

思考与练习题

一、填空题

1. 圆弧插补参数 I=（　　）、J=（　　）、K=（　　），它们可编制任意大小的圆弧程序。
2. 用圆弧半径编程时，圆弧半径有（　　）之分，（　　）不能用 R/CR 编程。
3. 基点是构成零件轮廓的不同几何素线的（　　）、（　　）或（　　），它们可以直接作为刀具运动轨迹的（　　）。
4. 在计算基点坐标时，保留的小数点位数应是机床（　　），以保证足够的精度。
5. 逆着插补平面法向看插补平面，规定（　　）为顺时针插补运动、（　　）为逆时针插补运动。
6. 如果连续（　　）以上程序段没有运动指令，则不能倒角、倒圆。

二、编程

用 φ10mm 的键槽铣刀数控仿真加工、在线加工图 3-12、图 3-13 所示零件。

项目三 圆弧插补编程数控铣削成形槽

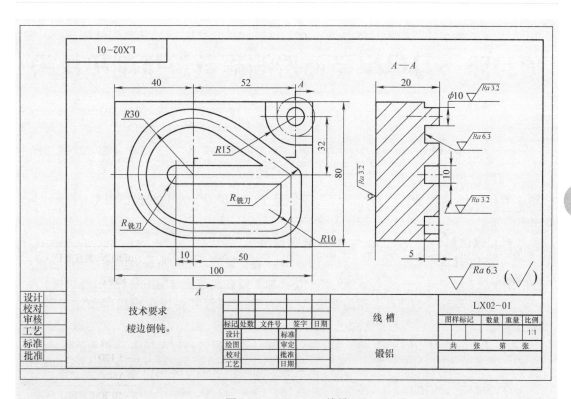

图 3-12 LX02-01 线槽

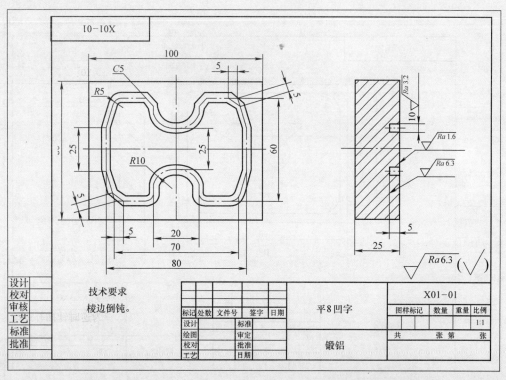

图 3-13 X01-01 平 8 凹字

项目四　刀具半径补偿编程数控铣削垫块模

一、学习目标

● 终极目标：会刀具半径补偿编程数控铣削加工。

● 促成目标

1）会用刀具半径补偿编程。

2）会打点法、偏置法编程。

3）会判断过切现象。

4）会数控铣削凹凸平面模。

二、工学任务

（1）零件图样　XZBXQ-01 垫块模如图 4-1 所示，加工 1 件。

（2）任务要求

1）用 ϕ10mm 键槽铣刀，在 100mm×80mm×20mm 的锻铝毛坯上仿真加工或在线数控铣削图 4-1 所示垫块模。用偏置法、打点法联合编程并备份正确程序和加工零件电子照片。

2）核对、填写"项目四过程考核卡"相关信息。

3）提交电子和纸质程序、照片以及"项目四过程考核卡"。

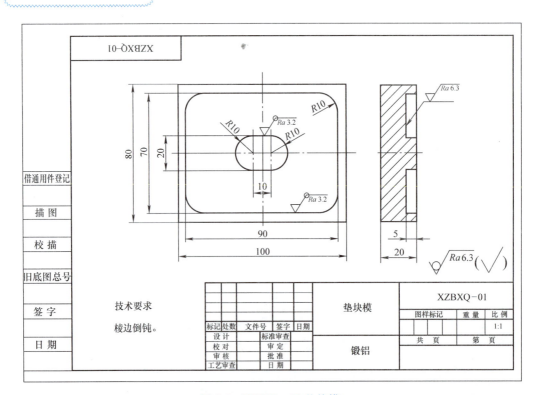

图 4-1　XZBXQ-01 垫块模

项目四 刀具半径补偿编程数控铣削垫块模

项目四过程考核卡

班级_____ 班组_____ 姓名_____ 学号_____ 互评学生_____ 指导教师_____ 组长_____ 考核日期__年__月__日

考核内容	序号	项目	评分标准	配分	实操测量结果	得分	整改意见
任务：数控铣削直壁平底类零件——XZBXQ-C1垫块模，加工1件，用打点法、偏置法联合编程 备料：100mm×80mm×20mm，锻铝，Ra6.3μm 备刀：键槽铣刀φ10mm 并根据刀具使用数控机床组装成相应的刀具组 量具：游标卡尺0~125mm，分度值为0.02mm	1	型腔长90mm	超0.5mm扣2分，扣完为止	6			
	2	型腔宽70mm	超0.5mm扣2分，扣完为止	6			
	3	型腔圆弧R10mm（4处）	超0.5mm扣2分，扣完为止	16			
	4	弧岛长30mm	超0.5mm扣2分，扣完为止	6			
	5	弧岛宽20mm	超0.5mm扣2分，扣完为止	6			
	6	弧岛圆弧R10mm（2处）	超0.5mm扣2分，扣完为止	8			
	7	型腔深5mm	超0.5mm扣2分，扣完为止	12			
	8	型腔壁表面粗糙度值Ra3.2μm	一处超0.5mm扣2分，扣完为止	20			
	9	型腔底表面粗糙度值Ra6.3μm	一处超0.5mm扣2分，扣完为止	5			
	10	安全操作	违章操作不得分	5			
	11	机床的维护保养	机床维护保养达不到要求不得分	5			
	12	遵守现场纪律	不遵守纪律不得分	5			
合计				100			

三、相关知识

直壁平底类零件指底面为平面且轮廓侧壁与底平面垂直的零件，常见有直壁平底凸廓零件、直壁平底型腔零件、直壁平底凸台型腔混合零件等。

常用两轴半数控铣床加工直壁平底类零件，先沿 Z 轴下刀切到一定深度，然后 X、Y 两轴联动完成一层加工，依次逐层加工完整个零件。

1. 刀具半径补偿 G40～G42

刀具半径补偿功能使刀具中心轨迹偏离编程轨迹一个给定的数值，这个数值称为刀具半径补偿值。用刀具半径补偿功能进行轮廓铣削时，可仍然按照工件轮廓（编程轨迹）编程，而实际加工中要让刀具中心轨迹偏离工件轮廓多少距离，只要改变刀具半径补偿值即可实现，不需要重新编程，从而简化了刀具中心轨迹的计算等。

刀具半径补偿只能在一个给定的坐标平面 G17/G18/G19 中进行，分建立、执行及取消三个过程。

（1）建立　刀具半径补偿建立的指令格式见表 4-1。建立刀具半径补偿程序段只能是折线和直线两种轨迹，即只能用 G00、G01 编程。如图 4-2、图 4-3 所示，执行刀具半径补偿程序段后，在工件轮廓的 $B(X, Y)$ 处，刀具中心就偏离了一个与 D 代码相对应的存储器中存放的刀具半径补偿值（图 4-4）。其中，直线→直线情况如图 4-2 所示。当执行有刀具半径补偿指令的 AB 程序段后，将在下一程序段的起点 B 处形成一个与直线 BF 相垂直的刀具半径补偿矢量 BC，使刀具中心由点 A 移至点 C，即编程轨迹是 AB 段，刀具中心轨迹与编程轨迹分离是 AC 段。刀具半径补偿矢量 BC 的大小就是刀具半径补偿值，它的方向从下一程序段的起点作其垂线指向刀具中心，即沿着编程轨迹上的刀具前进方向看，G41 使刀具偏在编程轨迹左侧，为左补偿，如图 4-2a 所示；G42 使刀具偏在编程轨迹右侧，为右补偿，如图 4-2b 所示。直线→圆弧情况时如图 4-3 所示，点 B 的刀具半径补偿矢量 BC 垂直于过点 B 的切线，圆弧上每一点的刀具半径补偿矢量方向总是变化的。

表 4-1　刀具半径补偿的建立

FANUC 数控系统	说　　明	SIEMENS 数控系统
G17 {G00/G01} {G41/G42} D__ X__ Y__ ;	G41 是左补偿 G42 是右补偿 D 是刀具半径补偿存储器地址，后跟数字表示存储器的编号，具体补偿值通过 CRT/MDI 输入到相应的存储器，如图 4-4 所示 （X, Y）是点 B 的坐标，如图 4-2、图 4-3 所示	同 FANUC 数控系统

（2）执行　刀具半径补偿建立后，刀具中心轨迹始终偏离编程轨迹一个刀具半径补偿值，类似于 AutoCAD 中的"偏置线"，如图 4-5 所示，双点画线表示刀具中心轨迹，粗实线表示编程轨迹。点 P 下刀，PA 段建立左刀补，刀具路径为：点 A→点 B→点 C→点 D→点 E→点 F→点 G→点 H→点 I→点 J→点 K 执行刀补加工零件轮廓，KP 段取消刀补。至于刀具半径补偿程序段间刀具中心如何过渡连接，情况比较复杂，但由数控系统自动处理，不需要专门编程。图 4-5 中编程轨迹和刀具中心轨迹均已画出，且轮廓过渡是最简单、最原始的圆弧过渡方式。在两个程序段轨迹的连接处，刀具中心轨迹与工件轮廓

不同,过渡比较复杂,由刀具半径补偿 C 功能自动计算解决,一般不要绘制整个刀具路径,仅绘制编程轨迹就可以了。

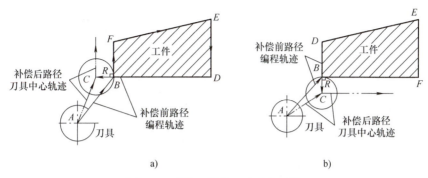

图 4-2　直线→直线刀具半径补偿
a)左补偿 G41　b)右补偿 G42

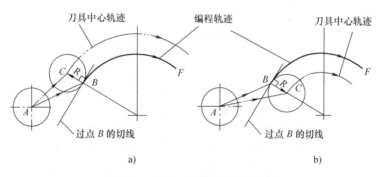

图 4-3　直线→圆弧刀具半径补偿
a)左补偿 G41　b)右补偿 G42

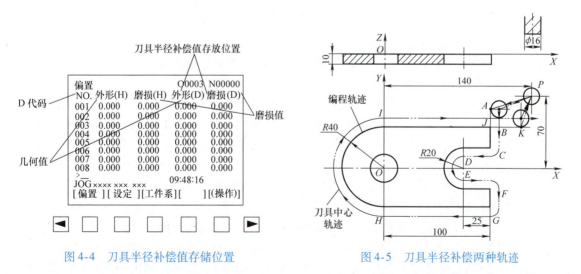

图 4-4　刀具半径补偿值存储位置　　　　图 4-5　刀具半径补偿两种轨迹

(3)取消　最后一段刀具半径补偿轨迹加工完成后,与建立刀具半径补偿类似,也应有一直线程序段 G00 或 G01 指令取消刀具半径补偿,指令格式见表 4-2。使刀具中心轨迹与编程轨迹重合,便于安排其他动作(如换刀等)。如图 4-6 所示,AB 段程序取消刀具半径补偿，刀具中心将由 C 点移至 B 点，两种轨迹重合。取消刀具半径补偿的补偿矢量 AC 是过上一程序段编程轨迹 FA 的终点 A 作其垂线，与建立刀具半径补偿不同。

表 4-2 取消刀具半径补偿指令格式

FANUC 数控系统	说　　明	SIEMENS 数控系统
G17 $\begin{Bmatrix} G00 \\ G01 \end{Bmatrix}$ G40 X＿ Y＿; 或 G17 $\begin{Bmatrix} G00 \\ G01 \end{Bmatrix}$ D00 X＿ Y＿;	G40 取消刀具半径补偿 D00 与 G40 作用相同 （X, Y）是点 B 坐标，如图 4-6 所示	同

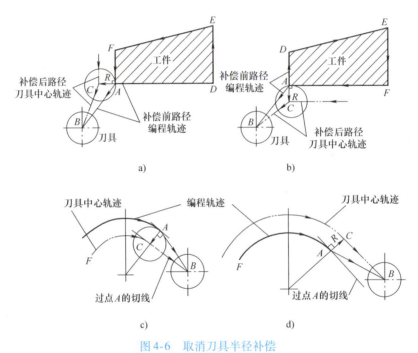

图 4-6 取消刀具半径补偿

a) 直线取消 G42　b) 直线取消 G41　c) 曲线取消 G42　d) 曲线取消 G41

2. 切入/切出工艺路径

刀补（刀具半径补偿的简称）建立之后，通常要求刀具沿切入、切出点的切线或延长线方向切入/切出工件轮廓，以最大限度地减小接刀痕迹。建立/取消刀补和切入/切出工件轮廓程序段实际上是编程人员所设计的切入/切出工艺路径。如图 4-7a 所示，铣外圆轮廓时，切线切入/切出路径是 0→1→2→9→4→2→3→12，其中 0→1 建立刀补，3→12 取消刀补；圆弧过渡切入/切出路径是 11→8→9→4→2→9→10→11，其中 11→8、10→11 分别为建立、取消刀补段；铣内圆轮廓时，圆弧过渡切入/切出路径是 6→5→4→2→9→4→7→6，6→5、7→6 分别为建立、取消刀补段。如图 4-7b 所示，铣非圆外轮廓时，延长线切入/切出路径是 12→13→15→9→2→4→15→14→12，其中 12→13、14→12 分别是建立、取消刀补段；铣外轮廓圆弧过渡切入/切出路径是 11→8→9→2→4→15→9→10→11，其中 11→8、10→11 分别是建立、取消刀补段；铣内轮廓圆弧过渡切入/切出路径是 6→5→4→15→9→2→4→7→6，其中 6→5、7→6 分别是建立、取消刀补段。建立刀补的起点与取消刀补的终点重合时可以少算一个基点坐标，用半圆弧过渡可以简化基点坐标计算。一条程序中用几次

项目四 刀具半径补偿编程数控铣削垫块模

建立/取消刀补情况没有限制,方便编程就行。下刀点最好选在一个比较大的区域内,这是建立/取消刀补和切入/切出要占用空间的缘故。

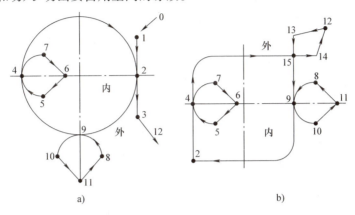

图 4-7 切入/切出工艺路径
a) 圆轮廓 b) 非圆轮廓

【促成任务 4-1】 用 φ16mm 的立铣刀数控仿真铣削图 4-5 所示零件外轮廓。已知毛坯尺寸 150mm×90mm×10mm,点 A、K 坐标分别是 A(100,60)、K(110,40)。要求用刀具半径补偿编程。

【解】 工件坐标系建立在工件顶面点 O 处,在点 P 下刀,刀具路径如图 4-5 所示,程序见表 4-3。

表 4-3 促成任务 4-1 程序

段号	FANUC 数控系统	备 注	SIEMENS 数控系统
	O34;	程序号(名)	SMS34.MPF;
N10	G90 G00 G54 X140 Y70 S2000 M03;	点 P 上方初始化	G90 G00 G54 X140 Y70 S2000 M03;
N20	Z-13;	点 P 下刀,加工厚度 10mm	Z-13;
N30	G41 D01 X100 Y60;	建立刀补到点 A	G41 D01 X100 Y60;
N40	G01 X100 Y20 F300;	点 C,进给速度为 300mm/min	G01 X100 Y20 F300;
N50	X75 Y20;	点 D	X75 Y20;
N60	G03 X75 Y-20 R-20;	点 E	G03 X75 Y-20 CR=-20;
N70	G01 X100 Y-20;	点 F	G01 X100 Y-20;
N80	Y-40;	点 G	Y-40;
N90	X0;	点 H	X0;
N100	G02 X0 Y40 R-40;	点 I	G02 X0 Y40 CR=-40;
N110	G01 X110;	点 K	G01 X110;
N120	G00 G40 X140 Y70;	点 P,取消刀补	G00 G40 X140 Y70;
N130	Z200;	抬刀	Z200;
N140	M30;	程序结束	M30;

3. 偏置法编程

偏置法指用刀具半径补偿原理,通过改变刀具半径补偿值来放大或缩小工件轮廓而编程轨迹不变的一种编程方法,常用于切除多余毛坯和粗、精加工轮廓等。

(1) 切除多余毛坯　如图 4-8 所示,编程轨迹不变,偏置的距离作为刀具半径补偿值,每改变一次刀补值,自动运行加工一次工件,毛坯就缩小相应的宽度,大大简化了编程工作量。

图 4-8 所示偏置路径,由于受内圆弧的大小限制,轮廓偏置到一定程度后就不能再偏了,另外由于毗邻轮廓的距离有限,也不能任意偏置,剩余一点残留量仍用偏置法会明显加长刀具路径,影响加工效率。

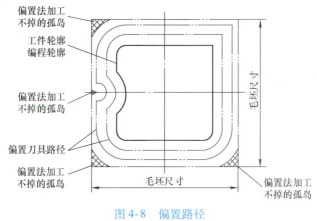

图 4-8　偏置路径

用偏置法去除多余毛坯时,偏置值的增量值应小于刀具直径,让刀具充分覆盖加工面,不致在两行距间因刀具端刃倒角等留有残留毛坯,如图 4-9 所示。

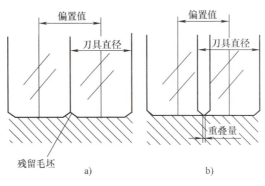

图 4-9　偏置宽度
a) 太大　b) 合适

注意:不要把偏置值与刀具实际半径混淆,偏置值是刀具中心离开编程轨迹的距离。用刀具半径补偿、偏置法编程时,记住以下 11 条,可以避免许多问题。

1) 辨清 G41、G42 的方向,否则会误切工件。

2) G40~G42 建立/取消刀补的程序段只能与 G00 或 G01 连用,不能与 G02 或 G03 连用,否则会发生程序错误报警;只有运动才能建立补偿、取消补偿,在操作机床时也要引起高度重视。

3) 用 G00 与 G41/G42 连用建立刀补时,应在刀具与工件毛坯间留有足够的安全距离 Δ,防止刀具与工件毛坯发生碰撞,如图 4-10 所示。

4）建立/取消刀补程序段与下一条程序段轨迹在工件外侧的夹角 $90°\leqslant\alpha<180°$ 时，如图 4-11 所示，可以避免切入/切出过切、误切问题。

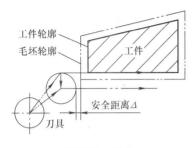

图 4-10　安全

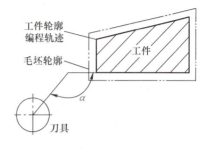

图 4-11　$90°\leqslant\alpha<180°$

5）用工艺路径切入/切出工件轮廓，不要直接在工件轮廓上建立和取消刀补，防止误切工件。

6）刀具实际半径应小于或等于内圆弧半径，防止多切。

7）刀具半径补偿值应小于或等于内圆弧半径，否则会发生程序错误报警。

8）刀补建立后，不能在原编程轨迹上来回移动，如图 4-12 所示，否则会发生程序错误报警。

9）刀补建立之后，最好不要连续两段没有插补平面内的坐标移动，包括调用子程序，防止程序错误报警。

图 4-12　来回移动程序会报警

10）刀补的建立和取消最好走斜线，并距离大于刀具半径补偿值，让刀补建立或取消充分完成，防止误切工件。

11）刀具半径补偿值由几何值和磨损值两部分组成，由同一 D 代码调用，两者代数和之后综合补偿，防止数据存储位置出错。磨损值的设定极限值常在 10 之间，这可能是二者的主要区别。试切时，常仅在几何值中设定数据，磨损值常用于批量加工后的刀具补偿，便于校定刀具寿命等。

（2）粗、精加工　刀具半径补偿存储器中存放的刀具半径补偿值是刀具中心偏离编程轨迹的距离，不一定是实际刀具半径，正因为如此，就可以将补偿值与实际刀具半径之差作为粗、精加工余量。图 4-13 所示为用偏置法粗、精加工时加工余量的确定方法，可见

$$刀具半径补偿值 D_0 = 实际刀具半径 r + 加工余量 \Delta \qquad (4-1)$$

在刀具实际半径不变的情况下，精加工余量 $\Delta_{精}$ 是由粗加工时的刀具半径补偿值 $D_{0粗}$ 给定的，而精加工时的刀具半径补偿值 $D_{0精}$ 通过实测粗加工工件尺寸后计算所得。

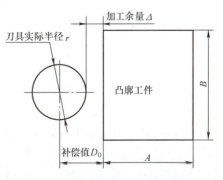

图 4-13　粗、精加工刀偿值的确定

【促成任务 4-2】　用 $\phi16mm$ 的立铣刀粗、精数控仿真铣削图 4-13 所示凸廓工件四周。已知 $A = 100_{-0.08}^{\ 0}mm$，$B = 120mm$，精加工余量 0.3mm，工件毛坯 110mm × 140mm × 80mm，请计算粗、精加工刀具半径补偿值。

【解】 由式（4-1）得

粗加工刀具半径补偿值：$D_{0粗} = 8\text{mm} + 0.3\text{mm} = 8.3\text{mm}$

用刀具半径补偿功能粗加工后，实测工件尺寸，若 $A = 100.688\text{mm}$，双边比要求尺寸大 $100.688\text{mm} - (100 - 0.04)\text{mm} = 0.728\text{mm}$，单边大 $0.728\text{mm} \div 2 = 0.364\text{mm}$，意味着精加工刀具半径补偿值 $D_{0精}$ 在 $D_{0粗} = 8.3\text{mm}$ 的基础上要缩小 0.364mm，即 $D_{0精} = 8.3\text{mm} - 0.364\text{mm} = 7.936\text{mm}$。

精加工时，刀具半径补偿值 $D_{0精}$ 不是 8mm 而是 7.936mm，是刀具受力让刀等综合干涉因素所致。至于刀具半径补偿值改为 7.936mm 精加工一次工件精度能否合格则不一定。必要时逐渐修改刀补值，多试切几次，以防工件报废。最终的精加工刀补值由试切确定。

4. 打点法编程

无法用偏置法加工或用偏置法加工不合算的残留量，根据残留量所处位置，利用人为给定的一些必要的基点坐标编程切除，即所谓的打点法。打点法去除残留量时，最好不用刀具半径补偿编程，这样刀具路径的定向性好，方便安排进给路线。

5. 过切判断

在狭小空间，往往会由于刀具直径选择不当造成过切现象。如图 4-14 所示，若刀具中心轨迹 $B'C'$ 运动方向与编程轨迹 BC 方向相反，则会造成过切现象。加工 AB 轮廓，左侧过切；加工 BC、CD 轮廓，右侧过切。

用刀具半径补偿功能编程时，数控系统计算出发生过切现象时，其自诊断功能会发出程序错误报警而中断自动加工。不用刀具半径补偿功能编程时，不会产生过切报警，这就要求在安排刀具路径时，必须注意不要多切或少切。多切和少切，程序不会报警。

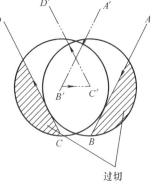

图 4-14 过切判断

四、相关实践

完成本项目图 4-1 所示的 XZBXQ-01 垫块模数控铣削的程序设计。

（1）编程方案 工件坐标系建立在工件顶面中心，分粗、精加工，粗加工侧面留余量 0.5mm，底面留余量 0.1mm，侧面余量通过偏置法加工，底面余量用下刀深度加工，粗、精加工各编一条程序。粗加工轮廓时刀具半径补偿 $D01 = 5.5\text{mm}$，精加工轮廓时刀具半径补偿 $D02 = 5\text{mm}$，粗、精加工偏置时刀具半径补偿 $D03 = 9\text{mm}$，都有适当重叠，保证加工干净。

（2）刀具路径 铣刀从足够高的空间位置开始在 XY 平面内快速定位至程序开始点 1 上方，从点 1 下刀到要求高度。

在 XY 平面，先轮廓加工中心凸台，后加工型腔侧壁轮廓，一次后用偏置法编程再加工一次，最后打点法编程加工残余量，刀具路径如图 4-15 所示，1→2 点 G01、G41 建立左刀补，点 2 到 3 是切线切入凸台，切入后 3→4→5→6→7→3 绕凸台轮廓走一圈，从点 3 以圆弧方式切离凸台、切入型腔内部点 8 并保证刀补方向在型腔内侧，点 8→点 9→点 10→点 11→点 12→点 13→点 14→点 15→点 16→点 8 绕型腔内侧铣一圈，点 8→点 17 圆弧切出型腔内侧,点17→点1取消刀具半径补偿。圆弧过渡用半圆,是为了简化基点坐标计算。通过刀具路径:点1→点18→点19→点20→点21→点18加工残留量,不用刀补,定向性好。

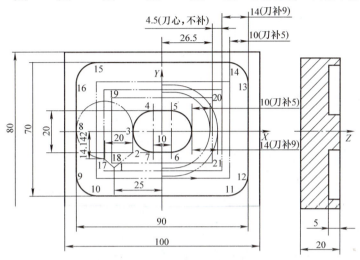

图 4-15　刀具路径

（3）编制程序　试切时,经常需要修改刀补量和切削用量,也会出现程序错误、精度测量甚至更换加工刀具等,要求人不离机,所以程序不要太长,以免程序检索、纠错等占用大量时间。数控铣通常以一把刀具或连续加工零件某一独立部分编一条程序,本例粗、精加工各编一条程序,见表4-4、表4-5。

表 4-4　试切图 4-1 零件粗加工程序

段号	FANUC 数控系统	备 注	SIEMENS 数控系统
	O42;	主程序	SMS42. MPF;
N10	G90 G00 G54 X-25 Y-20 S800 M03;	点1上方,初始化	G90 G00 G54 X-25 Y-20 S800 M03;
N20	G00 Z5;	点1下刀	G00 Z5;
N30	G01 Z-4.9 F80;	点1工进吃刀	G01 Z-4.9 F80;
N40	G41 D01 X-15 Y-10 F150;	建立刀补到点2,D01=5.5mm	G41 D01 X-15 Y-10 F150;
N50	Y0;	切线切入点3	Y0;
N60	G02 X-5 Y10 R10;	点4	G02 X-5 Y10 CR=10;
N70	G01 X5;	点5	G01 X5;
N80	G02 X5 Y-10 R-10;	点6	G02 X5 Y-10 CR=-10;
N90	G01 X-5;	点7	G01 X-5;
N100	G02 X-15 Y0 R10;	点3	G02 X-15 Y0 CR=10;
N110	G03 X-45 Y0 R-15;	点8	G03 X-45 Y0 CR=-15;
N120	G01 X-45 Y-25;	点9	G01 X-45 Y-25;
N130	G03 X-35 Y-35 R10;	点10	G03 X-35 Y-35 CR=10;
N140	G01 X35;	点11	G01 X35;
N150	G03 X45 Y-25 R10;	点12	G03 X45 Y-25 CR=10;

(续)

段号	FANUC 数控系统	备注	SIEMENS 数控系统
	O42;	主程序	SMS42.MPF;
N160	G01 Y25;	点13	G01 Y25;
N170	G03 X35 Y35 R10;	点14	G03 X35 Y35 CR=10;
N180	G01 X-35;	点15	G01 X-35;
N190	G03 X-45 Y25 R10;	点16	G03 X-45 Y25 CR=10;
N200	G01 Y0;	点8	G01 Y0;
N210	G03 X-35 Y-14.142 R15;	圆弧方向切出点17	G03 X-35 Y-14.142 CR=15;
N220	G01 G40 X-25 Y-20;	取消刀补回到点1	G01 G40 X-25 Y-20;
N230	G41 D03 X-15 Y-10 F150;	建立刀补到点2, D03=9mm, 偏置加工	G41 D03 X-15 Y-10 F150;
N240	Y0;	切线切入点3	Y0;
N250	G02 X-5 Y10 R10;	点4	G02 X-5 Y10 CR=10;
N260	G01 X5;	点5	G01 X5;
N270	G02 X5 Y-10 R-10;	点6	G02 X5 Y-10 CR=-10;
N280	G01 X-5;	点7	G01 X-5;
N290	G02 X-15 Y0 R10;	点3	G02 X-15 Y0 CR=10;
N300	G03 X-45 Y0 R-15;	点8	G03 X-45 Y0 CR=-15;
N310	G01 X-45 Y-25;	点9	G01 X-45 Y-25;
N320	G03 X-35 Y-35 R10;	点10	G03 X-35 Y-35 CR=10;
N330	G01 X35;	点11	G01 X35;
N340	G03 X45 Y-25 R10;	点12	G03 X45 Y-25 CR=10;
N350	G01 Y25;	点13	G01 Y25;
N360	G03 X35 Y35 R10;	点14	G03 X35 Y35 CR=10;
N370	G01 X-35;	点15	G01 X-35;
N380	G03 X-45 Y25 R10;	点16	G03 X-45 Y25 CR=10;
N390	G01 Y0;	点8	G01 Y0;
N400	G03 X-35 Y-14.142 R15;	圆弧方向切出点17	G03 X-35 Y-14.142 CR=15;
N410	G01 G40 X-25 Y-20;	取消刀补回到点1	G01 G40 X-25 Y-20;
N420	X-26.5 Y-18.5;	点18, 打点法加工	X-26.5 Y-18.5;
N430	Y18.5;	点19	Y18.5;
N440	X26.5;	点20	X26.5;
N450	Y-18.5;	点21	Y-18.5;
N460	X-26.5;	点18	X-26.5;
N470	X-25 Y-20;	回到点1, 粗加工完成	X-25 Y-20;
N480	G00 Z200;	抬刀	G00 Z200;
N490	M30;	程序结束	M30;

表 4-5 试切图 4-1 零件精加工程序

段号	FANUC 数控系统	备 注	SIEMENS 数控系统
	O442;	主程序	SMS442.MPF;
N10	G90 G00 G54 X-25 Y-20 S1000 M03;	点1上方,初始化	G90 G00 G54 X-25 Y-20 S1000 M03;
N20	G00 Z5;	点1下刀	G00 Z5;
N30	G01 Z-5 F80;	点1工进吃刀	G01 Z-5 F80;
N40	G41 D02 X-15 Y-10 F150;	建立刀补到点2,D02=5mm	G41 D02 X-15 Y-10 F150;
N50	Y0;	切线切入点3	Y0;
N60	G02 X-5 Y10 R10;	点4	G02 X-5 Y10 CR=10;
N70	G01 X5;	点5	G01 X5;
N80	G02 X5 Y-10 R-10;	点6	G02 X5 Y-10 CR=-10;
N90	G01 X-5;	点7	G01 X-5;
N100	G02 X-15 Y0 R10;	点3	G02 X-15 Y0 CR=10;
N110	G03 X-45 Y0 R-15;	点8	G03 X-45 Y0 CR=-15;
N120	G01 X-45 Y-25;	点9	G01 X-45 Y-25;
N130	G03 X-35 Y-35 R10;	点10	G03 X-35 Y-35 CR=10;
N140	G01 X35;	点11	G01 X35;
N150	G03 X45 Y-25 R10;	点12	G03 X45 Y-25 CR=10;
N160	G01 Y25;	点13	G01 Y25;
N170	G03 X35 Y35 R10;	点14	G03 X35 Y35 CR=10;
N180	G01 X-35;	点15	G01 X-35;
N190	G03 X-45 Y25 R10;	点16	G03 X-45 Y25 CR=10;
N200	G01 Y0;	点8	G01 Y0;
N210	G03 X-35 Y-14.142 R15;	圆弧方向切出点17	G03 X-35 Y-14.142 CR=15;
N220	G01 G40 X-25 Y-20;	取消刀补回到点1	G01 G40 X-25 Y-20;
N230	G41 D03 X-15 Y-10 F150;	建立刀补到点2,D03=9mm,偏置加工	G41 D03 X-15 Y-10 F150;
N240	Y0;	切线切入点3	Y0;
N250	G02 X-5 Y10 R10;	点4	G02 X-5 Y10 CR=10;
N260	G01 X5;	点5	G01 X5;
N270	G02 X5 Y-10 R-10;	点6	G02 X5 Y-10 CR=-10;
N280	G01 X-5;	点7	G01 X-5;
N290	G02 X-15 Y0 R10;	点3	G02 X-15 Y0 CR=10;
N300	G03 X-45 Y0 R-15;	点8	G03 X-45 Y0 CR=-15;
N310	G01 X-45 Y-25;	点9	G01 X-45 Y-25;
N320	G03 X-35 Y-35 R10;	点10	G03 X-35 Y-35 CR=10;
N330	G01 X35;	点11	G01 X35;
N340	G03 X45 Y-25 R10;	点12	G03 X45 Y-25 CR=10;

(续)

段号	FANUC 数控系统	备注	SIEMENS 数控系统
	O442；	主程序	SMS442.MPF；
N350	G01 Y25；	点 13	G01 Y25；
N360	G03 X35 Y35 R10；	点 14	G03 X35 Y35 CR=10；
N370	G01 X-35；	点 15	G01 X-35；
N380	G03 X-45 Y25 R10；	点 16	G03 X-45 Y25 CR=10；
N390	G01 Y0；	点 8	G01 Y0；
N400	G03 X-35 Y-14.142 R15；	圆弧方向切出点 17	G03 X-35 Y-14.142 CR=15；
N410	G01 G40 X-25 Y-20；	取消刀补回到点 1	G01 G40 X-25 Y-20；
N420	X-26.5 Y-18.5；	点 18，打点法加工	X-26.5 Y-18.5；
N430	Y18.5；	点 19	Y18.5；
N440	X26.5；	点 20	X26.5；
N450	Y-18.5；	点 21	Y-18.5；
N460	X-26.5；	点 18	X-26.5；
N470	X-25 Y-20；	回到点 1，精加工完成	X-25 Y-20；
N480	G00 Z200；	抬刀	G00 Z200；
N490	M30；	程序结束	M30；

思考与练习题

一、填空题

1. 刀具半径补偿值应（　　）内圆弧半径。
2. 用半径为 r 的同一把立铣刀数控粗铣工件外轮廓时，双边留精加工余量 Δ，粗加工时的刀具半径补偿值等于（　　）。
3. 刀具切入、切出工件轮廓时，应沿切入、切出点的（　　）方向进行，能最大限度地减小（　　），有利保证切入点和切出点光滑。
4. CAD 法找点时，绘图要（　　），切点、交点、端点（　　）要准确，尺寸精度设置成机床（　　），比例最好用（　　）。
5. 刀具半径补偿时，（　　）代数和之后综合补偿。

二、问答题

1. 何为刀具半径补偿矢量？
2. 刀具半径补偿值可以是负数吗？
3. 外轮廓铣大了，再用相同刀具加工时，如何修改刀具半径补偿值？
4. 刀具半径补偿 G41、G42、G40 只能与哪些运动指令 G 代码连用？
5. 何为偏置法编程/加工？

三、综合题

编程、数控仿真加工或在线加工图 4-16～图 4-17 所示零件。

应该说明，用一把刀粗、精加工，生产批量不大时，编一条程序为好，也看出小尺寸刀具加大了编程量，加工效率低，可能的情况下，尽量选用大尺寸刀具加工。

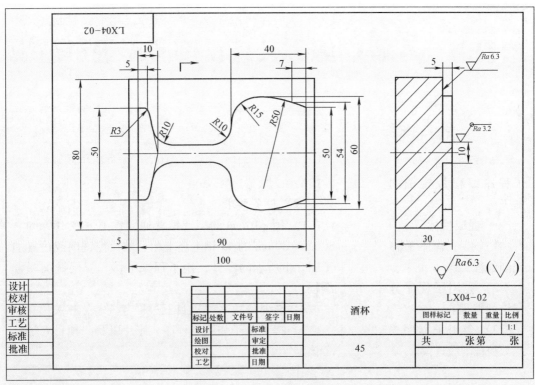

图 4-16 LX04-02 酒杯

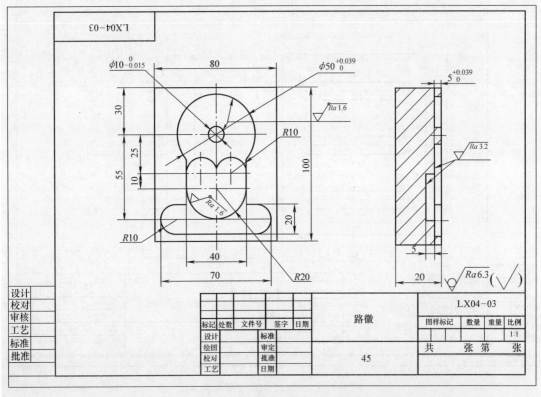

图 4-17 路徽

项目五　子程序编程数控铣削腰形级进凸模

一、学习目标

- 终极目标：会子程序编程数控铣削加工。
- 促成目标

1）会子程序平移铣削编程。

2）会用子程序分层铣削编程。

3）会用子程序编程数控铣削级进模。

二、工学任务

（1）零件图样　05-LCM-01 腰形级进凸模，如图 5-1 所示，加工 1 件。

（2）任务要求

1）用 $\phi16mm$ 的高速钢普通立铣刀，在 100mm×80mm×30mm 的 45 钢毛坯上粗、精数控铣削或仿真加工图 5-1 所示的零件，用子程序平移和分层铣削联合编程。

2）核对、填写"项目五过程考核卡"相关信息。

3）提交电子和纸质程序、照片以及"项目五过程考核卡"。

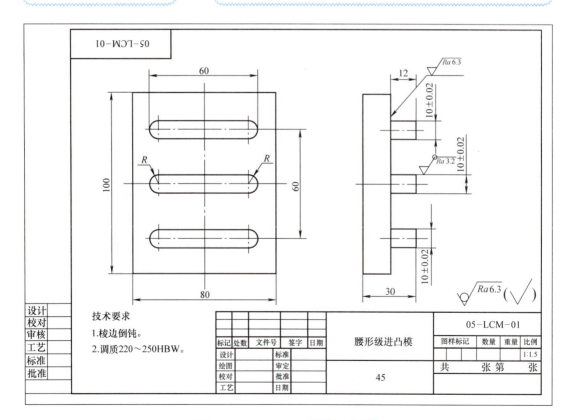

图 5-1　05-LCM-01 腰形级进凸模

项目五 子程序编程数控铣削腰形级进凸模

项目五过程考核卡

班级_____ 班组_____ 姓名_____ 学号_____ 互评学生_____ 指导教师_____ 组长_____ 考核日期____年____月____日

考核内容	序号	项　目	评分标准	配分	实操测量结果	得分	整改意见
任务：数控铣削图 5-1 所示的零件，用子程序编平移、分层数控粗铣，平移一层精铣 备料：100mm×80mm×30mm，Ra6.3μm，45 钢 备刀：φ16mm 立铣刀 并根据模具体使用数控机床组装成相应的刀具组 量具：带表游标卡尺 0～125mm，分度值为 0.02mm 壁厚千分尺 0～25mm	1	凸台宽度 10mm±0.02mm（3 处）	超 0.02mm 扣 5 分，扣完为止	18			
	2	所有 Ra3.2μm	超一处扣 2 分，扣完为止	10			
	3	凸台高 12mm	超 0.5mm 扣 2 分，扣完为止	15			
	4	凸台长 60mm	超 0.5mm 扣 2 分，扣完为止	15			
	5	凸台间距 30mm	超 0.5mm 扣 2 分，扣完为止	10			
	6	圆弧过渡光滑	一处不光滑扣 2 分，扣完为止	12			
	7	凸台底部 Ra6.3μm	超一处扣 2 分，扣完为止	5			
	8	安全操作	违章操作不得分	5			
	9	机床保养	机床保养达不到要求不得分	5			
	10	遵守纪律	不遵守纪律不得分	5			
合　计				100			

三、相关知识

1. 子程序

在一个加工程序中，如果其中某些加工内容完全相同或相似，为了简化程序，可以把这些重复的程序段单独列出，并按一定的格式编写成子程序。主程序在执行过程中如果需用某一子程序，通过调用指令来调用该子程序，子程序执行完后又返回到主程序，继续执行后面的主程序段。

（1）子程序结构三要素　和主程序一样，子程序结构也由程序号（名）、加工程序段和程序结束符号三要素组成，但书写方式不同，见表5-1。

表5-1　子程序结构

系统	FANUC 数控系统	SIEMENS 数控系统
子程序格式	O××××； … M99；	L×××××××或*.SPF； … M17；
程序号（名）	地址 O 后规定子程序号××××，最多用 4 位数字表示，导零可以省略 与主程序号（名）格式相同	子程序名有两种写法： 1）字母 L 后跟最多 7 位数字，导零不能省略，无扩展名。这种办法命名直观、方便，建议常用 2）子程序名开始两个符号必须是字母，其他符号是字母、数字或下横线；字符间不能有分隔符，字符总量≤16。SPF 是扩展名，不能省略
加工程序段		同主程序
程序结束符号	M99 为子程序结束指令，M99 不一定要单独使用一个程序段，如"G00 X__ Y__ M99；"也是允许的	M17 或 RET。RET 是单段指令，返回上级程序时不会中断 G64 连续切削方式 M17 类似于 M99

（2）子程序调用　子程序不能单独运行，须由主程序或上级子程序调用，指令格式见表5-2。

表5-2　子程序调用

系统	FANUC 数控系统	SIEMENS 数控系统
格式	M98 P△△△△××××；	L××××××× P△△△△或*P△△△△；
说明	△△△△为重复调用的次数，系统允许重复调用的次数为 9999 次。如果省略了重复次数，则默认次数为 1 次，导零可略 ××××为被调用的子程序号，如果调用次数多于 1 次，须用导零补足 4 位子程序号；如果调用 1 次，子程序号的导零可略 子程序调用要求占用一个单独的程序段	△△△△为重复调用的次数，系统允许重复调用的次数为 9999 次。如果省略了重复次数，则默认认次数为 1 次，导零可略 ×××××××为被调用的子程序名，导零不能省略 *为子程序名，不带扩展名 子程序调用要求占用一个单独的程序段

(续)

系统	FANUC 数控系统	SIEMENS 数控系统
举例	M98 P32000；表示连续调用 3 次子程序 O2000 M98 P30002；表示连续调用 3 次子程序 O2 M98 P2；表示调用 1 次子程序 O2	KL785；表示调用一次子程序 KL785 L01；表示调用一次子程序 L01 KL785 P3；表示调用 3 次子程序 KL785 L785 P3；表示调用 3 次子程序 L785

(3) 子程序嵌套　为了进一步简化程序，子程序中还可以调用另一条子程序，这称为子程序嵌套。图 5-2 所示为四级子程序嵌套。FANUC 与 SIEMENS 子程序嵌套意义相同。

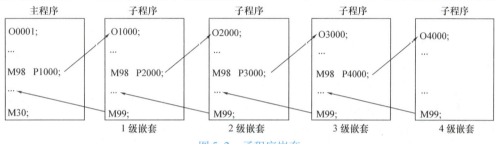

图 5-2　子程序嵌套

(4) 子程序的执行　FANUC 子程序像主程序一样，需以单独的程序从机床面板输入数控系统但 SIEMENS 系统在同一界面输入，两种系统不同。执行时，从主程序中调用子程序或由子程序调用下一级子程序。如图 5-3 所示，主程序执行到 N30 后转去执行子程序 O1016，重复执行 2 次后返回到主程序 O1015 接着执行 N40 程序段，在执行 N50 后又转去

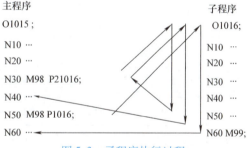

图 5-3　子程序执行过程

执行 O1016 子程序 1 次，再返回到主程序 O1015 后继续执行 N60 及其后面的程序段。从子程序中调用子程序时，与从主程序调用子程序时的执行情况相同。

SIEMENS 子程序的执行过程同 FANUC 系统。

(5) 使用子程序的注意事项　用子程序编程时需注意下面几条：

1) 主、子程序中的 G、M、F、S 代码功能具有继承性。主程序中的代码功能在调用子程序时能传入子程序中，子程序结束返回主程序或上级子程序时，能将代码功能传入主程序，故调用子程序时需特别注意代码状态，以防出现混乱。

2) 最好不要在刀具补偿状态下调用子程序。因为一旦在刀补状态下调用子程序，就要连续执行子程序调用指令和子程序号两段无移动指令的程序段。如果调用子程序前和调用子程序后刀补矢量的方向和大小保持不变，程序可以正常运行；如果调用子程序前和调用子程序后刀补矢量的方向或大小因发生了变化而丢失，程序会报警中断正常运行。

3) M98 和 M99 必须成对出现，且不在同一编号的程序内。SIEMENS 的子程序调用指令和子程序的结束指令不同，西门子的在同一画面。

2. 子程序平移编程

同一平面上等间距排列的相同轮廓，由一个等间距的"头"或"尾"连接成子程序"模型"，把模型用增量尺寸制（G91）编成子程序，由子程序调用次数来复制这个模型的编程方式称为子程序平移编程。子程序平移编程的特点是前一模型的终点是后一模型的起点。

【促成任务 5-1】 用 φ16mm 的立铣刀铣 100mm×80mm 锻铝大平面。

【解】这是小刀铣大平面的加工问题，图 5-4a 所示为设计的行切刀具路径，图 5-4b 所示是子程序模型，用 G91 编成子程序。行距点 2→点 3 的大小由刀具直径大小和总加工宽度决定，φ16mm 的立铣刀，行距取 14mm，不会存在残留量。点 1 下刀，点 4→点 5 是"尾"，取其长度为 14mm，保证所有行距相同。由总加工宽度和子程序模型宽度计算子程序调用次数，3 次能覆盖整个加工平面。工件坐标系建立在工件毛坯顶面左下角，先编子程序，后编主程序，程序清单见表5-3。

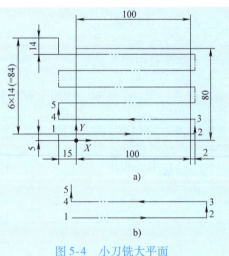

图 5-4 小刀铣大平面

a) 行切刀具路径 b) 子程序模型

表 5-3 促成任务 5-1 程序

段号	FANUC 数控系统	备 注	SIEMENS 数控系统
	O521；	子程序（名）	L521；
N10	G91 G01 X117 Y0 F200；	点 2，拟定刀具在点 1	G91 G01 X117 Y0 F200；
N20	Y14；	点 3	Y14；
N30	X －117；	点 4	X －117；
N40	Y14；	点 5	Y14；
N50	M99；	子程序结束	M17；
	O52；	主程序	SMS52. MPF；
N10	G90 G00 G54 X －15 Y5 S700 M03；	初始化	G90 G00 G54 X －15 Y5 S700 M03；
N20	Z －2；	下刀	Z －2；
N30	M98 P30521；	调用 3 次子程序 O521	L521 P3；
N40	G90 G00 Z200；	抬刀	G90 G00 Z200；
N50	M30；	主程序结束	M30；

3. 子程序分层编程

深度方向每一层的轮廓相同，分层间距相等，层与深度"头"或者"尾"连接成子程序模型，模型的"头"或者"尾"用增量尺寸制（G91）编成子程序，层内是否用G91编程由具体情况决定，用子程序调用次数来复制这个模型的编程方式称子程序分层编程。子程序分层编程，层内的下刀点必须与结束点重合。

四、相关实践

完成本项目中图5-1所示的05-LCM-01腰形级进凸模的程序设计。

（1）编程方案 子程序平移和分层联合编程。工件坐标系G54建立在工件的上表面中心，凸台高12mm，较厚，Z方向粗加工分三层铣削，每次切削深度4mm，留精加工余量0.3mm，凸台侧加工余量0.1mm。精加工为保证表面光滑及尺寸精度，一层加工完毕。

三个凸台用子程序平移编程。三个凸台形状和加工精度要求完全相同，间距相等。如图5-5所示，将第一个凸台的刀具路径1→2→3→4→5→6→2确定为子程序平移模型，编程时只需作X向偏移。子程序中X向采用G91增量编程，将子程序平移模型调用三次即可完成三个凸台X向等距平移加工。考虑到同一程序段内有Y坐标，Y坐标也得用G91编程。图中1→2的路径实际上就是凸台间的间距，可以作为图示的"头"，也可以作为"尾"，类似"桥梁"起连接作用，必须要有，这也是子程序平移加工编程的关键。凸台平移子程序见表5-4。

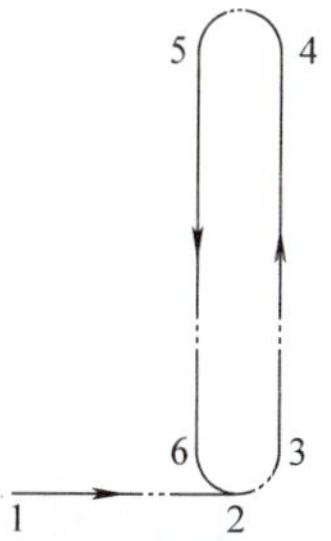

图5-5 凸台平移模型

表5-4 凸台平移子程序

段号	FANUC 数控系统	备 注	SIEMENS 数控系统
	O511；	拟订刀具在点1	L511；
N10	G91 G01 X30 F80；	2点	G91 G01 X30 F80；
N20	G03 X5 Y5 R5 F80；	3点	G03 X5 Y5 CR=5；
N30	G01 Y50；	4点	G01 Y50；
N40	G03 X-10 Y0 I-5；	5点	G03 X-10 Y0 I-5；
N50	G01 Y-50；	6点	G01 Y-50；
N60	G03 X5 Y-5 R5；	2点	G03 X5 Y-5 CR=5；
N70	M99；	子程序结束	RET；

（2）XY平面子程序 子程序平移加工不到的地方，用打点法覆盖切除掉，并且在加工平面内强迫刀具路径的起点和终点重合。如图5-6所示，XY平面路径0→1→2→…→5→6→2→2′→…→2″→…→7→8→…→11→0，将这一加工平面内的所有刀具路径编成另一个子程序，这里暂且标记为XY平面子程序，见表5-5。

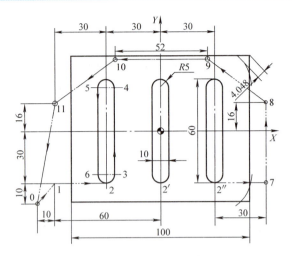

图 5-6　XY 平面刀具路径

表 5-5　XY 平面子程序

段号	FANUC 数控系统	备　注	SIEMENS 数控系统
	O512；	子程序	L512；
N10	G90 G00 G42 D01 X－60 Y－30；	拟定刀具在点 0，建立刀补到点 1，精加工时修改刀补 D01	G90 G00 G42 D01 X－60 Y－30；
N20	M98 P30511；	调用 3 次凸台子程序，在 XY 平面平移铣削 3 个凸台	L511 P3；
N30	G90 G01 X60；	点 7	G90 G01 X60；
N40	G00 Y16；	点 8	G00 Y16；
N50	G01 X26 Y38；	点 9	G01 X26 Y38；
N60	G01 X－26；	点 10	G01 X－26；
N70	G01 X－60 Y16；	点 11	G01 X－60 Y16；
N80	G00 G40 X－70 Y－40；	点 0，取消刀补，与起点重合	G00 G40 X－70 Y－40；
N90	M99；	子程序结束	M17；

(3) 分层子程序　XY 平面子程序加一个"头—桥梁"的程序段"G91 Z－4；"组成分层子程序，在上一级程序中用子程序调用次数分层加工，即 Z 方向下降一个深度 4mm（厚度）后，加工一层 XY 平面多余材料。分层子程序见表 5-6。

表 5-6　分层子程序

段号	FANUC 数控系统	备　注	SIEMENS 数控系统
	O513；	子程序	L513；
N10	G91 Z－4；	粗加工一层厚度 4mm，拟分 3 层；精加工改为 Z－12，在上一级程序中调用	G91 Z－4；
N20	M98 P512；	调用 X、Y 平面子程序	L512；
N30	M99；	子程序结束	M17；

分层厚度乘以调用次数就是总加工厚度。编程时，每层厚度必须相同，调用次数必须是

整数。如果调用次数不能整除总加工厚度,可用下刀点高度来调节。如槽深 15mm,下刀点高度从高出槽口平面 1mm 计算,分 4 层加工完,即每层厚度 4mm。层厚计算如图 5-7 所示,利用这一办法预留精加工余量非常方便。

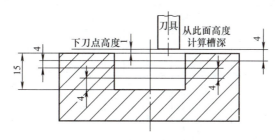

图 5-7 层厚计算简图

(4)主程序 本项目主程序见表 5-7。

表 5-7 主程序

段号	FANUC 数控系统	备 注	SIEMENS 数控系统
	O51;	主程序	SMS51.MPF;
N10	G90 G54 G00 X-70 Y-40 S450 M03;	初始化	G90 G54 G00 X-70 Y-40 S450 M03;
N20	Z0.3 M08;	粗加工,Z 向留 0.3mm 精加工余量;精加工时改为 Z=0	Z0.3 M08;
N30	M98 P30513;	Z 向分 3 层粗加工,精加工时改为 1 次	L513 P3;
N40	G90 Z200 M09;	抬刀	G90 Z200 M09;
N50	M30;	程序结束	M30;

精加工请读者按一层加工完成自行编程加工。

思考与练习题

一、问答题

1. 子程序能单独运行吗?
2. 何为子程序嵌套?
3. 为什么最好不要在刀具补偿状态下的程序中调用子程序?
4. 子程序平移编程的关键编程技术是什么?

二、综合题

数控编程加工或仿真加工图 5-8、图 5-9 所示零件。

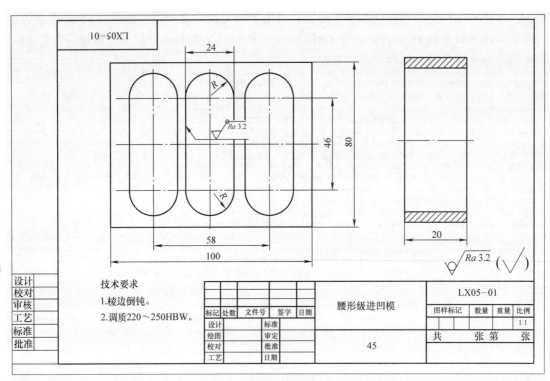

图 5-8　LX05-01 腰形级进凹模

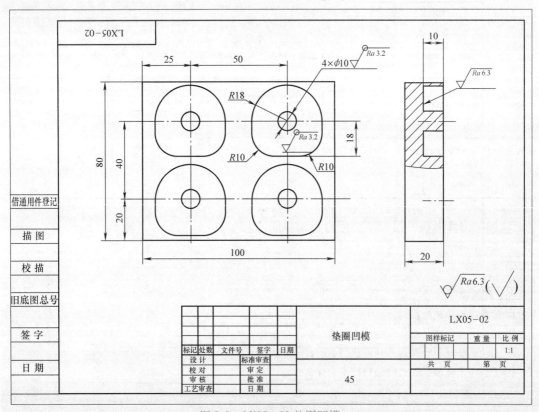

图 5-9　LX05-02 垫圈凹模

项目六　坐标变换编程数控铣削五角模板

一、学习目标

- 终极目标：坐标变换编程数控铣削加工。
- 促成目标
1) 会极坐标编程。
2) 会坐标系旋转编程。
3) 会坐标变换编程数控铣削加工。

二、工学任务

（1）零件图样　TXM06-01 五角模板，如图 6-1 所示，加工 1 件。

（2）任务要求

1) 用 φ16mm 立铣刀，在 100mm×80mm×20mm 的 45 钢毛坯上仿真加工或在线加工图 6-1 所示零件。用极坐标、坐标系旋转编程并备份正确程序和加工零件电子照片。

2) 核对、填写"项目六过程考核卡"相关信息。

3) 提交电子和纸质程序、照片以及"项目六过程考核卡"。

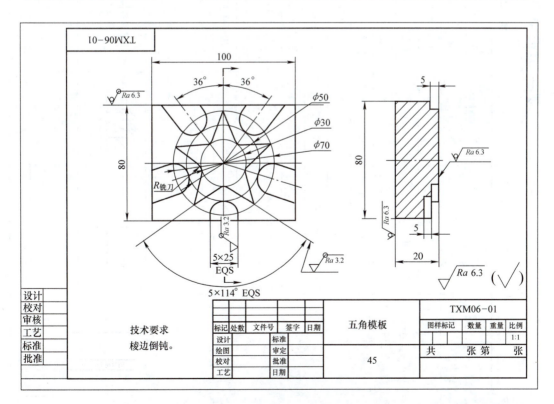

图 6-1　TXM06-01 五角模板

项目六过程考核卡

班级_____ 班组_____ 学号_____ 姓名_____ 互评学生_____ 指导教师_____ 组长_____ 考核日期____年____月____日

考核内容	评分表				
	序号	项目	评分标准	配分	实操测量结果	得分	整改意见
任务： 用极坐标、坐标旋转编程，数控加工或数控仿真加工图6-1所示TXM06-01五角模板，加工1件	1	工件形状	错一处扣5分	15			
	2	槽宽25mm	超差1mm扣5分	10			
	3	所有Ra3.2μm	超差一级扣10分	15			
	4	凸台高5mm	超差0.5mm扣5分	15			
	5	槽深5mm	超差0.5mm扣5分	10			
备料： 100mm×80mm×20mm Ra6.3μm，45钢	6	无残留量	有一处扣5分	10			
	7	圆弧过渡光滑	一处不光滑、粗糙扣5分	5			
	8	凸台底部Ra6.3μm	超差一级扣5分	5			
备刀： 立铣刀 φ16mm 并根据具体使用数控机床组装成相应的刀具组	9	安全操作	违章操作不得分	5			
	10	机床保养	机床保养达不到要求不得分	5			
量具： 带表游标卡尺0~125mm，分度值为0.02mm	11	遵守纪律	不遵守纪律不得分	5			
	合计			100			

三、相关知识

1. 极坐标编程 G15、G16/G110~G112、AP、RP

加工呈径向分布、以极坐标形式标注尺寸的零件形状，采用极坐标编程十分方便。正因为如此，现代数控系统一般都具有极坐标编程功能，但它是否是基本功能，则需要在订货时确认。

极坐标在 G17、G18、G19 平面内有效，在选定平面的两坐标轴中，水平向右为第一坐标轴，极坐标点到极点间的距离为极半径。如图 6-2 所示。极角单位是度（°），不用分（'）、秒（"）形式，编程范围 0°~±360°。第一坐标轴正方向的极角是 0°，逆时针方向旋转为正，顺时针方向旋转为负。极坐标编程指令格式见表 6-1。

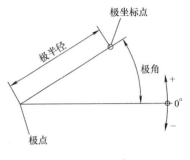

图 6-2　极坐标

表 6-1　极坐标编程指令格式

系统	FANUC 数控系统	SIEMENS 数控系统
建立	G16 $\begin{Bmatrix} X\_ & Y\_ \\ Z\_ & X\_ \\ Y\_ & Z\_ \end{Bmatrix}$; ↓　　↓ 极　　极 半　　角 径	RP=＿　AP=＿ ; ↓　　　↓ 极　　　极 半　　　角 径
取消	G15…;	不用 RP、AP
说明	均是模态量 G16 仅仅是点的坐标的表达形式之一 用绝对值 G90 编程时，极点位置为工件零点，工件零点到极坐标点之距为极半径 用增量值 G91 编程时，极角、极半径遵循终点坐标减去起点坐标规则，当前位置为极点位置，有的版本只能用 G90 编程 建议用 G90 编程。如果工件零点不是极点时，再建立一个工件坐标系就解决问题了	极点定义： G110/G111/G112 $\begin{Bmatrix} X\_ & Y\_ \\ Z\_ & X\_ \\ Y\_ & Z\_ \end{Bmatrix}$; G110~G112 是单段、存储型、非运动型、模态 G 代码。如果没有定义极点，默认当前工件坐标系原点为极点位置 G110 相对于当前位置定义极点，当前位置是上一程序段终点位置，X、Y 或 Z 是极点在以当前位置为坐标原点的极坐标系中的坐标值 G111 相对于当前工件坐标系原点定义极点，X、Y 或 Z 是极点在当前工件坐标系中的坐标值 G112 相对于前一个极点位置定义新极点，X、Y 或 Z 是以前一个极点为原点的坐标系中的坐标值，第一次定义极点用 G112，功能等价于 G111
	极坐标编程仅关系到点的坐标位置，点与点之间的轨迹由编程用的运动指令 G 代码确定	

【促成任务6-1】 如图6-3所示正六边形，用极坐标指令编写加工程序并在线或仿真加工。

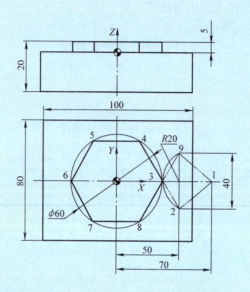

图6-3 六边形

【解】 极坐标编程加工图6-3所示正六边形，程序见表6-2。

表6-2 加工图6-3所示六边形程序

段号	FANUC 数控系统	备 注	SIEMENS 数控系统
	O63；	程序号（名）	SMS63.MPF；
N10	G90 G00 G54 X70 Y0 S800 M03；	点1，初始化	G90 G00 G54 X65 Y0 S800 M03；
N20	Z-5；	下刀深度5mm	Z-5；
N30	G01 G42 D01 X50 Y-20 F200；	建立右刀补，点2	G01 G42 D01 X40 Y-17.321 F200；
N40		当前工件坐标系原点为极点	G111 X0 Y0；
N50	G01 G16 X30 Y60；	极坐标编程，直线插补到点4	G01 RP=30 AP=60；
N60	Y120；	点5	AP=120；
N70	Y180；	点6	AP=180；
N80	Y240；	点7	AP=240；
N90	Y300；	点8	AP=300；
N100	G15 X50 Y20；	点9	G01 X50 Y20；
N110	G40 X70 Y0；	取消刀补，点1	G40 X70 Y0；
N120	G00 Z200；	抬刀	G00 Z200；
N130	M30；	程序结束	M30；

2. 坐标系旋转编程 G68、G69/ROT、AROT

坐标系旋转指令在给定的插补平面内，可按指定旋转中心及旋转方向将工件坐标系和工件坐标系下的加工形状一起旋转给定的角度。坐标系旋转指令参数如图 6-4 所示，编程指令格式见表 6-3。

表 6-3　坐标系旋转指令格式

系统	FANUC 数控系统	SIEMENS 数控系统
旋转	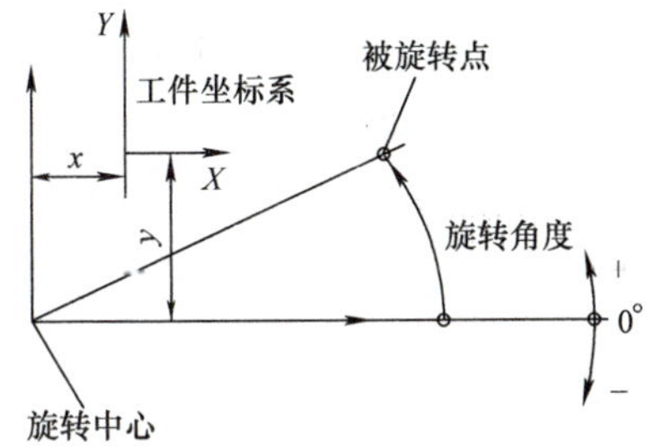 图 6-4　坐标系旋转 G68 $\begin{Bmatrix} G17 \\ G18 \\ G19 \end{Bmatrix} \begin{Bmatrix} X\_ \ Y\_ \\ Z\_ \ X\_ \\ Y\_ \ Z\_ \end{Bmatrix}$ R_；	① ROT RPL = 　； 回转中心是可设定工件坐标系原点，删除以前的偏移、旋转、比例缩放和镜像指令 ② AROT RPL = 　； 附加于当前偏移、旋转、比例缩放和镜像指令上
取消	G69…；	ROT； 删除以前的偏移、旋转、比例缩放和镜像指令
说明	X、Y、Z 为旋转中心坐标，模态量，绝对坐标值。当 X、Y、Z 省略时，G68 指令认为当前刀具中心位置即为旋转中心。G68 所在程序段要指令两个坐标才能确定旋转中心 　　R 为旋转角度，模态量，单位是（°），最小输入单位是 0.001°，编程范围是 0°～±360°，第一坐标轴正方向为零度，逆时针旋转为正，顺时针旋转为负。如果旋转子程序时，R 是子程序和坐标系刚性固连同时旋转后的 X 坐标轴与未旋转 X 坐标轴间的夹角，逆时针旋转为正，顺时针旋转为负 　　G68 用绝对值编程。如果紧接着 G68 后的一条程序段为增量值编程，那么系统将以当前刀具的中心位置为旋转中心，按 G68 给定的角度旋转坐标系。不在插补平面内的坐标轴不旋转 　　G68 编程技巧是：G68 和其下一段用 G90 编程，从第二条起，用 G90 还是 G91，以方便为准	RPL——旋转角度，单位是（°），编程范围 0°～±360°，用绝对值或增量值编程 　　ROT、AROT 是单程序段指令，ROT 的旋转中心是工件坐标系原点，AROT 的旋转中心是当前坐标系原点 　　如果先有 TRANS 或 ATRANS，则旋转中心是 TRANS 或 ATRANS 后的相应坐标原点

四、相关实践

完成本项目中图 6-1 所示的"TXM06-01 五角模板"数控铣削的程序设计。

（1）确定编程方案 如图 6-5 所示，工件坐标系建立在工件顶面中心，先铣五角形，用极坐标和刀具半径补偿编程，残留量用打点法和取消刀具半径补偿编程。后铣槽，选择计算方便的下方 D 槽轮廓用刀具半径补偿编成子程序，再用坐标系旋转功能调用 D 槽子程序依次铣 D 槽、E 槽、A 槽、B 槽、C 槽。零件精度不高，用一次铣削完成。

（2）刀具路径 用 CAD 法绘图，画出铣五角形刀具路径，在点 1 下刀。刀具路径：1→2→3→4→5→6→7→8→9→10→11→12→1→13→14→15→16→17→18→19→20→21→22→23→24→25→26→27→28→29→30→31→32→33→13→1→34→35→36→37→38，D 槽子程序在点 39 下刀，找出基点坐标，如图 6-5 所示。D 点位置确保旋转后铣削最长的槽的长度足够。

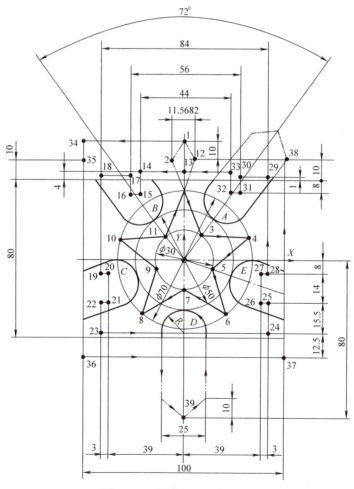

图 6-5 刀具路径及基点坐标

（3）编制程序 程序见表 6-4。

项目六 坐标变换编程数控铣削五角模板

表6-4 加工图6-1程序

段号	FANUC 数控系统	备 注	SIEMENS 数控系统
	O61；	主程序	SMS 61.MPF；
N10	G90 G00 X0 Y-80；	点39	G90 G00 X0 Y-80；
N20	Z-10；	下刀深度10mm，刀已处在点39	Z-10；
N30	G41 D01 X12.5 Y-70；		G41 D01 X12.5 Y-70；
N40	G01 Y-37.5；		G01 Y-37.5；
N50	G03 X-12.5 Y-37.5 I-12.5；		G03 X-12.5 Y-37.5 I-12.5；
N60	G01 Y-70；		G01 Y-70；
N70	G00 G40 X0 Y-80；	回到点39	G00 G40 X0 Y-80；
N80	Z5；	抬刀，防撞	Z5；
N90	M99；	子程序结束	RET；
	O61；	主程序	SMS 61.MPF；
N10	G90 G00 G54 X0 Y60 S450 M03；	点1	G90 G00 G54 X0 Y60 S450 M03；
N20	Z-5；	下刀	Z-5；
N30	G41 D01 X-5.784 Y50；	点2	G41 D01 X-5.784 Y50；
N35		极点	G111 X0 Y0；
N40	G16 G01 X15 Y54 F60；	点3，54°=90°-72°/2	G01 RP=15 AP=54 F60
N50	X35 Y18；	点4，18°=90°-72°	RP=35 AP=18；
N60	X15 Y342；	点5	RP=15 AP=342；
N70	X35 Y306；	点6	RP=35 AP=306；
N80	X15 Y270；	点7	RP=15 AP=270；
N90	X35 Y234；	点8	RP=35 AP=234；
N100	X15 Y198；	点9	RP=15 AP=198；
N110	X35 Y162；	点10	RP=35 AP=162；
N120	X15 Y126；	点11	RP=15 AP=126；
N130	G15 X5.784 Y50；	点12	X5.784 Y50；
N140	G40 G00 X0 Y60；	点1	G40 G00 X0 Y60；
N150	G01 X0 Y44；	点13	G01 X0 Y44；
N160	X-22 Y44；	点14	X-22 Y44；
N170	X-22 Y32；	点15	X-22 Y32；
N180	X-28 Y32；	点16	X-28 Y32；
N190	X-28 Y41；；	点17	X-28 Y41；
N200	X-42 Y41；	点18	X-42 Y41；

（续）

段号	FANUC 数控系统	备注	SIEMENS 数控系统
	O61；	主程序	SMS 61. MPF；
N210	X-42 Y-8；	点19	X-42 Y-8；
N220	X-39 Y-8；	点20	X-39 Y-8；
N230	X-39 Y-22；	点21	X-39 Y-22；
N240	X-42 Y-22；	点22	X-42 Y-22；
N250	X-42 Y-37.5；	点23	X-42 Y-37.5；
N260	X42 Y-37.5；	点24	X42 Y-37.5；
N270	X42 Y-22；	点25	X42 Y-22；
N280	X39 Y-22；	点26	X39 Y-22；
N290	X39 Y-8；	点27	X39 Y-8；
N300	X42 Y-8；	点28	X42 Y-8；
N310	X42 Y41；	点29	X42 Y41；
N320	X28 Y41；	点30	X28 Y41；
N330	X28 Y32；	点31	X28 Y32；
N340	X22 Y32；	点32	X22 Y32；
N350	X22 Y44；	点33	X22 Y44；
N360	X0 Y44；	点13	X0 Y44；
N370	G0 Y60；	点1	X0 Y60；
N380	G00 X-50 Y60；	点34	N380 G00X-50 Y60；
N390	X-50 Y50；	点35	X-50 Y50；
N400	G01 X-50 Y-50；	点36	G01 X-50 Y-50；
N410	X50 Y-50；	点37	X50 Y-50；
N420	X50 Y50；	点38	X50 Y50；
N430	G90 G00 Z5；	抬刀	G90 G00 Z5；
N440	M98 P611；	加工D槽	L611；
N450	G68 X0 Y0 R72；	坐标系和D槽整体逆时针转72°	ROT RPL=AC（72）；
N460	M98 P611；	加工E槽	L611；
N470	G68 X0 Y0 R144；	转144°	ROT RPL=AC（144）；或 AROT RPL=72；
N480	M98P 611；	加工A槽	L611；
N490	G68 X0 Y0 R216；	转216°	ROT RPL=AC（216）；或 AROT RPL=72；
N500	M98 P611；	加工B槽	L611；

（续）

段号	FANUC 数控系统	备 注	SIEMENS 数控系统
	O61；	主程序	SMS 61.MPF；
N510	G68 X0 Y0 R288；	转 288°	ROT RPL=AC（288）；或 AROT RPL=72；
N520	M98 P611；	加工 C 槽	L611；
N530	G90 G00 G69 Z200；	抬刀	G90 G00 G69 Z200；
N540	M30；	程序结束	M30；

思考与练习题

一、问答题

1. 如何确定极点位置？
2. 用 G68 编程时，如何使用 G90、G91？
3. 如何确定极角和坐标旋转角度？

二、综合题

编程、数控仿真加工或在线加工图 6-6、图 6-7 所示零件。

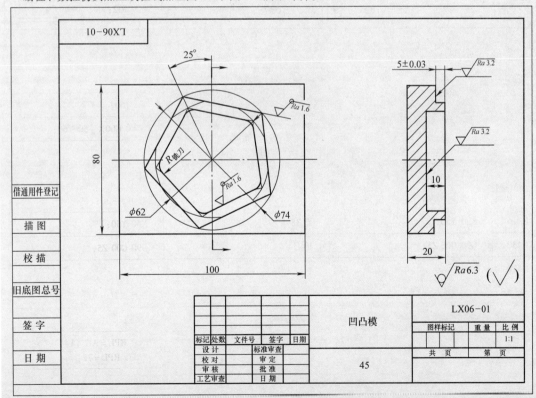

图 6-6 LX06-01 凹凸模

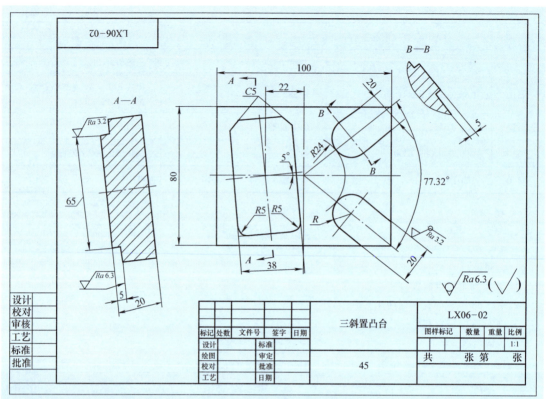

图 6-7 LX06-02 三斜置凸台

项目七　固定循环编程数控镗铣多孔板

一、学习目标

- 终极目标：会数控镗铣多孔板零件。
- 促成目标

1）会用孔加工固定循环编程。

2）会用子程序和固定循环次数编制孔位坐标。

3）会刀具长度补偿。

4）会选刀与换刀编程。

5）会用孔加工固定循环编程数控镗铣多孔板。

二、工学任务

（1）零件图样　TX07-01 多孔板，如图 7-1 所示，加工 1 件。

（2）任务要求

1）用固定循环、子程序等编程，并备份正确程序和加工零件电子照片。

2）核对、填写"项目七过程考核卡"相关信息。

3）提交电子和纸质程序、照片以及"项目七过程考核卡"。

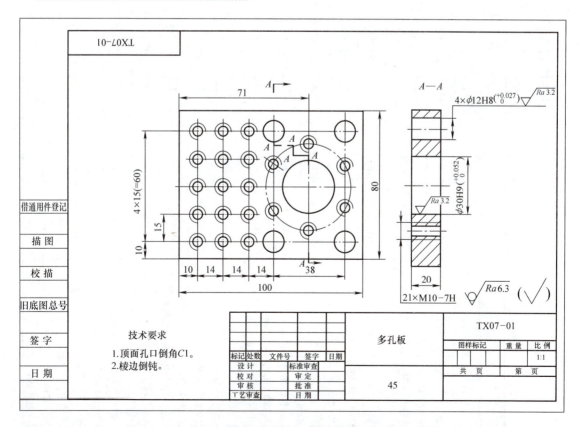

图 7-1　TX07-01 多孔板

项目七过程考核卡

班级_____ 班组_____ 姓名_____ 学号_____ 互评学生_____ 指导教师_____ 组长_____ 考核日期___年___月___日

考核内容	序号	项目	评分标准	配分	实操测量结果	得分	整改意见
任务：数控加工或真实加工图7-1所示的TX07-01多孔板，加工1件	1	孔位置（26处）	错1处扣1分	26			
备料：100mm×80mm×20mm，45钢	2	攻螺纹M10（21处）	螺纹止规、通规检验，不合格1处扣1分	21			
$Ra6.3\mu m$	3	M10乱牙（21处）	乱牙1处扣0.5分	10.5			
备刀：中心钻$\phi 2mm$	4	铰孔$\phi 12^{+0.027}_{0}mm$（4处）	止规、通规检验，不合格1处扣1分	4			
高速钢直柄钻头$\phi 8.5mm$	5	$Ra3.2\mu m$（4处）	降低一级一处扣1分	4			
高速钢锥柄钻头$\phi 11.8mm$	6	镗孔$\phi 30^{+0.052}_{0}mm$	超差0.02mm扣5分	5			
高速钢直柄立铣刀$\phi 16mm$	7	$Ra1.6\mu m$	降低一级一处扣5分	5			
锪钻$\phi 20mm\times 90°$	8	孔口倒角（26处）	不倒一处扣0.5分	10.5			
精镗刀$\phi 30mm$	9	棱边倒钝	毛刺扎手扣2分	2			
直柄铰刀$\phi 12H8$	10	安全操作	不安全操作不得分	6			
机用丝锥M10-7H	11	机床保养	机床维护保养不达要求不得分	3			
并根据具体使用数控机床组装成相应的刀具组	12	遵守纪律	不遵守现场纪律不得分	3			
量具：带表游标卡尺0~125mm，分度值为0.02mm							
千分尺25~50mm							
内径表18~35mm							
塞规$\phi 12H8$							
螺纹塞规M10-7H		合计		100			

三、相关知识

(一) 加工中心的工艺能力及技术参数

1. 立式加工中心

立式加工中心是配备刀库、具有自动换刀功能的数控立式镗铣床,如图 7-2 所示,工件经一次装夹后,能自动完成单面铣、钻、扩、铰、镗、攻螺纹等多种工序,其中坐标轴联动铣削加工工件轮廓和孔加工是最基本、最主要的工艺能力,是模具、孔盘类零件加工的理想设备。

以 XH714 型立式加工中心为例,看懂立式加工中心主要技术参数(见表 7-1)。

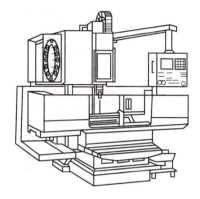

图 7-2 立式加工中心

表 7-1 XH714 型立式加工中心技术参数

项 目		参 数	项 目	参 数
工作台尺寸 $\dfrac{长}{mm} \times \dfrac{宽}{mm}$		800×400	刀具 长度/mm	300
			刀具 直径/mm	100
			刀具 质量/kg	8
行程/mm	X	600	选刀方式	随机
	Y	400		
	Z	600		
工作台 T 形槽宽度/mm×数量		14H8×4	压缩气压力/MPa	0.4~0.6
主轴端面到工作台面距离/mm		200~800	定位精度/mm	0.01/300,0.015/全长
进给速度/(mm/min)		1~2000	重复定位精度/mm	0.008
快移速度/(mm/min)		25000	程序容量	64KB,200 个程序号
主轴锥孔		BT40	显示方法	9in 单色 CRT
主轴转速/(r/min)		20~6000	最小输入单位/mm	0.001
刀库容量/把		24	数控系统	FANUC-0i,3 轴联动

2. 卧式加工中心

卧式加工中心是配备刀库、具有自动换刀功能的数控卧式镗铣床。卧式加工中心工作台至少有回转分度功能,被加工零件的转位度数必须是工作台分度数的整数倍。对于数控回转工作台,由于其能连续分度,则不必要有这个要求。卧式加工中心在工件经一次装夹后,能自动完成多侧面铣、钻、扩、铰、镗、攻螺纹等多种工序,其中孔加工和坐标轴联动铣削加工工件轮廓是最基本、最主要的工艺能力,是箱体、叉架类等零件加工的理想设备。

以 XH756 型卧式加工中心为例,去掉整体防护罩的外观如图 7-3 所示,技术参数见表 7-2。

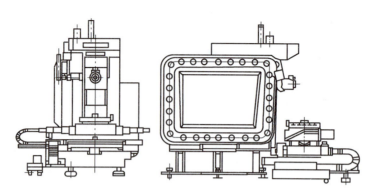

图 7-3　XH756 型卧式加工中心外观

表 7-2　XH756 型卧式加工中心技术参数

项　目	参　数	项　目	参　数
工作台尺寸 长/mm × 宽/mm	630 × 630	刀库容量	60 把
行程/mm　X	800	刀具　长度/mm	300
行程/mm　Y	700	刀具　直径/mm	200
行程/mm　Z	700	刀具　质量/kg	20
T 形槽宽度/mm × 数量	18H8 × 5	换刀方式	随机
工作台分度数/(°)	5	压缩气压力/MPa	0.4 ~ 0.6
工作台分度定位精度/(″)	8	工作台分度重复定位精度（″）	5
主轴端面到工作台中心距离/mm	200 ~ 900	定位精度/mm	0.01/300，0.015/全长
主轴中心到工作台台面距离/mm	0 ~ 700	重复定位精度/mm	0.008
进给速度/(mm/min)	1 ~ 2000	程序容量	64KB，200 个程序号
快移速度/(mm/min)	15000	显示方法	9in 单色 CRT
主轴锥孔	BT50	最小输入单位/mm	0.001
主轴转速/(r/min)	17 ~ 4125	数控系统	FANUC - 0i，3 轴联动

（二）自动换刀

1. 选刀与换刀

加工中心刀库常用的选刀方式有两种：顺序选刀和预先选刀，预先选刀又称随机选刀。

（1）顺序选刀与换刀　顺序选刀方式是将当前主轴上的刀具放回刀库原刀套位置后，再选择新刀具。刀库中的刀套号和刀具号始终一一对应，保持不变。在机床结构上，一般没有机械手，换刀时由主轴直接与刀库进行交换。顺序选刀与换刀指令格式见表 7-3。

表 7-3 顺序选刀与换刀指令格式

系统	FANUC 数控系统	SIEMENS 数控系统
格式	T__ M06；	T__；
说明	若主轴上没有刀具，则刀库旋转找到 T__ 号刀具，由 M06 指令，将 T__ 号刀具换到主轴上。若主轴上有刀，则先将主轴上的刀具换回刀库原刀套内，刀库再旋转找到新刀后换刀	若主轴上没有刀具，则刀库旋转找到 T__ 号刀具，并换到主轴上。若主轴上有刀，则先将主轴上的刀具换回刀库原刀套内，刀库再旋转找到新刀后换刀
	选刀、换刀方式由 PLC 程序决定，注意查阅机床使用说明书	

（2）预先选刀与换刀　预先（随机）选刀方式是刀库预先将要换的刀具转到换刀位，当执行换刀指令 M06 后，将主轴上的刀具（也可能无刀）与换刀位的刀具交换。在机床结构上，需要有双臂机械手，如图 7-4 所示。起初往刀库中装刀时刀套与刀具一一对应，换刀后刀库的刀套号与刀具号就不一致了，由 PLC 程序自动记忆刀套和刀具的相对位置，数控加工程序不予考虑。编程时，为使选刀时间与加工时间重合，往往先指令 T 代码选刀，在需要换刀时，再指令 M06 换刀。选刀与换刀方式是由机床制造商的 PLC 程序决定的，而不是由数控系统决定的。

图 7-4　双臂式机械手示意图

【促成任务 7-1】　某加工中心刀库随机选刀，具有双臂机械手换刀装置，请设计省时换刀程序。

【解】省时换刀程序的目的就是让刀库选刀时间与主轴加工时间重合，即刀库选刀时主轴能同时加工，程序见表 7-4。

表 7-4　随机选刀省时换刀程序

段号	O72	程　　序
N10	T01；	刀库选择 T01 号刀到换刀位置
N20	G91 G28 Z0；	快速返回换刀点，由机床制造商决定
N30	M06；	将 T01 号刀换到主轴上
N40	T02；	刀库选择 T02 号刀到换刀位置，此期间后续程序同时运行
N50	G90 G00 G54 X50 Y100 S800 M03；	用 T01 加工
	…	
N	G00 G91 G28 Z0；	到换刀位
N	M06；	将 T02 刀换到主轴上，主轴上 T01 号刀同时换回刀库
N	T50；	选择 T50 刀，为下次换刀做好准备，此期间后续程序同时运行，省时
N	G90 G00 G54 X100 Y100 S800 M03；	用 T02 加工
	…	
	G00 G91 G28 Z0；	
N	M06；	换 T50 刀，同时 T02 换回刀库
N	T00；	选择 T00 刀，即刀库不动，为下次换回 T50 刀做好准备
N	G90 G00 G54 X200 Y100 S800 M03；	用 T50 加工
N	…	
N	G00 G91 G28 Z0；	
N	M06；	T50 换回刀库，主轴上无刀了
N	M30；	程序结束

究竟用何种选刀和换刀编程方法，具体需查看机床使用说明书。

2. 刀具长度补偿 G43、G44、G49/T、D

测量基点是刀具大小为零的动点，而实际加工中，测量基点上要装上具有一定直径和长度的切削刀具。前面通过刀具半径补偿解决了刀具直径的编程问题，但由于刀具数量少，其长度补偿则直接累加到工件高度尺寸上，一并设置为工件坐标系的 Z 向偏置值。数控镗铣需要多刀加工，零点偏置存储器的数量就有 G54 ~ G59 这么 6 个，用起来很不方便。数控系统的刀具长度补偿功能可以避免不同刀具长度对加工的影响。

刀具长度补偿有机上测量刀具长度不补偿、机上测量刀具长度补偿、机外测量刀具长度补偿三种方法。

（1）机上测量刀具长度不补偿　机上测量刀具长度就是找正夹紧工件后，将刀具装在主轴（测量基点）上，刀位点接触到 Z 向工件零点所在平面，看机床坐标。如图 7-5 所示，$Z = -327.227$，将该值输入到零点偏置存储器（G54 ~ G59）内，这实际上是把刀具的长度叠加到了工件厚度上了，用 Z 向零点偏置值来综合体现刀具长度和工件坐标系原点位置，间接补偿了刀具长度，但实际刀具长度并不知晓，也没有必要知道。机上测量刀具长度不补偿指令格式见表 7-5。

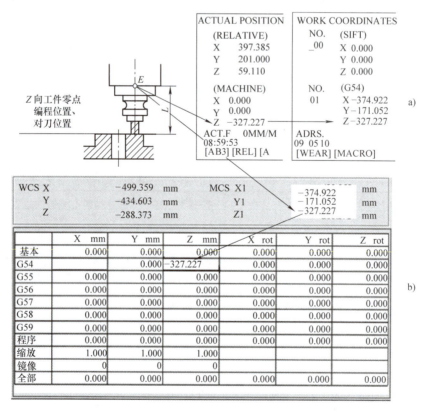

图 7-5　机上测量刀具长度不补偿

a) FANUC 系统　b) SIEMENS 系统

项目七 固定循环编程数控镗铣多孔板

表 7-5 机上测量刀具长度不补偿指令格式

系统	FANUC 数控系统	SIEMENS 数控系统
格式	Z__;	
说明	Z 是 Z 向刀位点运动到工件坐标系中的坐标值	
注意	刀具补偿存储器中有无数据不影响编程	

前面几个项目的刀具长度都是用这种方法解决的,其好处是对刀简单,Z 向零点偏置测量和刀具长度测量一次同时完成。缺点是:①用几把刀具,就需要占用几个零点偏置寄存器(G54~G59),所以刀具数量多时不方便;②不知道刀具实际长度,更换工件品种轮番加工时,通用刀具也得重新对刀测量,相应地要更改零点偏置值。由上可见,机上测量刀具长度不补偿适用于少刀加工场合。

(2)机上测量刀具长度补偿 机上测量刀具长度就是找正夹紧工件,装好要测量刀具(如 T01)后,将刀位点接触到 Z 向工件零点所在平面,看机床坐标。例如 Z = -327.227,将该值输入到刀具补偿存储器中,如图 7-6 所示(图示为 1 号刀具几何长度补偿值的测量与设定),编程时用规定的代码调用即可。由前述可见,刀具长度补偿值再不会占用零点偏置存储器 G54~G59,刀具长度补偿存储器很多,足够用,这对于加工中心这类多刀自动换刀机床,应用极为方便。但如此测量的刀具长度补偿值是相对值,更换工件后,需重新测量对刀。此外,机上测量刀具多了,占用加工时间。

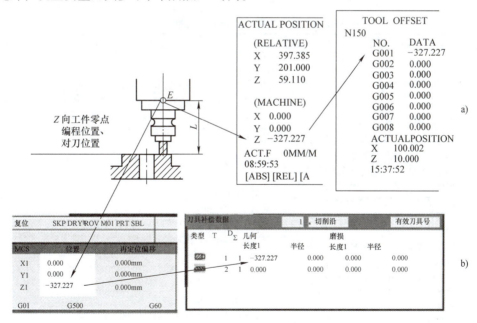

图 7-6 机上测量刀具长度补偿
a) FANUC 系统 b) SIEMENS 系统

Z 向零点偏置值是这样设定的:将机床返回参考点时的 Z 坐标值输入到编程所用工件坐标系 Z 向零点偏置存储器,如图 7-7 所示。图示机床返回参考点后,测量基点 E 在机床坐标系中的坐标值 Z = 0,若工件坐标系用 G54,就将 Z_{G54} 设置成 0。刀具长度补偿指令格式见表 7-6。

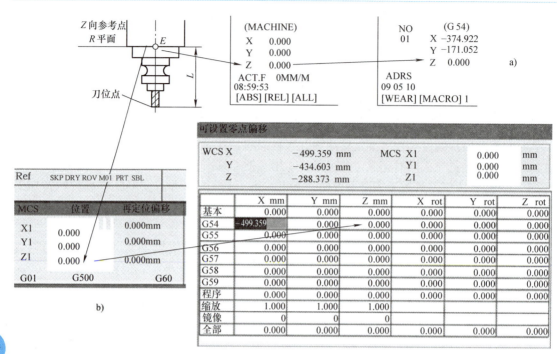

图 7-7　机上测量刀具长度补偿零点偏置设定
a）FANUC 系统　b）SIEMENS 系统

表 7-6　机上测量刀具长度补偿指令格式

系统	FANUC 数控系统	SIEMENS 数控系统
补偿	G00/G01　G43/G44 H__ Z__； G43 是正（+）补偿，表示测量基点由系统自动计算移动到刀位点（机床不动），刀位点再运动到工件坐标系中的 Z 位置，从此控制刀位点的运动。刀具的移动距离等于刀具长度补偿值加上刀位点在工件坐标系中的终点坐标 Z G44 是负（-）补偿，即 Z 轴移动距离是刀具长度补偿量减去刀位点在工作坐标系中的终点坐标 Z，不符合惯例，常用于特别场合，本指令很少使用 H 代码是存储刀具长度补偿值的存储器的代码，通过操作面板设定刀具长度补偿值	1. 用 T 换刀 T01；换 T01 刀，T01 的 D1 数据组自动生效 G00 Z__；刀具长度补偿后，刀位点到达工件坐标系 Z 坐标位置 …； T02 D2；换 T02 刀，T02 的 D2 数据组自动生效 …； G00 D1　Z__；T02 的 D1 数据组生效，实现另一切削刃（刀位点）的刀具长度补偿 2. 用 M06 换刀 T01；刀库选 T01 刀 M06；换 T01 刀，T01 的 D1 数据组自动生效 G00 Z__；刀具长度补偿后，刀位点到达工件坐标系 Z 坐标位置 …； G00 D2 Z__；T01 的 D2 数据组生效，实现另一切削刃（刀位点）的刀具长度补偿 T02；刀库选 T02 刀 …；T01 中的 D2 数据组仍然生效 M06；换 T02 刀，T02 的 D1 数据组自动生效 T03；刀库选 T03 刀 …；T02 中的 D1 数据组仍然生效 D03 M06；换 T03 刀，T03 的 D3 数据组自动生效 用 T 换刀还是用 M06 换刀，由机床制造商决定，本教材随机换刀用 M06，顺序换刀用 T
	Z 是刀位点在工件坐标系中的 Z 坐标值	

(续)

系统	FANUC 数控系统	SIEMENS 数控系统
取消	G49 Z__； 或 G43 H00 Z__； Z 是测量基点在工件坐标系中的 Z 坐标值，它的给定应保证机床 Z 轴正向不超程、负向刀位点完全脱离工件，防止后续动作刀具与工件干涉	D00 Z__；
说明	刀具长度补偿号 H 和刀具号 T 的关系是编程时才确定的，系统中并没有联系。但为防止混乱，方便刀具管理，实际使用时补偿号与刀具号最好相同，如 T02、H02、T03、H03 等，这样便于记忆。H00 表示刀具补偿无效	D 代码是刀具补偿存储器编号，每个存储器中通过操作面板设定刀具长度补偿、半径补偿等一组数据，长度补偿、半径补偿可以用同一个 D 代码，也可以不同。D 代码中不补偿的数据项不设定（空着）。D 代码不仅与 T 代码有直接关系，还与换刀指令有关。每一个刀具号 T 可以匹配 D1~D9 共 9 个数据组，D1 默认，可以省略不写；D0 表示刀具补偿无效

与刀具半径补偿一样，刀具长度补偿也分为几何补偿和磨损补偿，几何值与磨损值求代数和后为综合补偿。几何补偿一般为测量值，磨损补偿值一般为切削加工的修正值，修正量为 ±9.999mm。

（3）机外测量刀具长度补偿 这里的刀具长度指刀具的实际长度，数控铣床/加工中心使用的刀具长度、直径如图 7-8 所示。

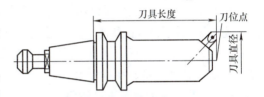

图 7-8 刀具长度、直径

所谓机外测量刀具，就是用刀具预调仪（又叫对刀仪）测量刀具长度、直径等。对刀仪如图 7-9 所示，定位套 1 与机床主轴锥孔相同，它是测量基准，精度很高，以保证测量与使用的一致性。光源 2 将刀尖 3 投影到屏幕 4 上，定位套 1 回转，光栅动尺（Z 向）5、滑板（X 向）移动找出刀尖最高点，目测刀尖与屏幕十字线对准后，显示器 6 上显示的 Z 值是刀具长度，X 值是刀具直径（或半径，由参数设定）。考虑到加工时让刀、刀具磨损、测量误差等，测量的刀具直径比孔径一般应偏大 0.005~0.02mm。

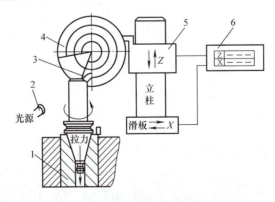

图 7-9 对刀仪示意图

1—定位套 2—光源 3—刀尖 4—投影屏幕 5—光栅动尺 6—显示器

对刀仪上测量的刀具长度要预先通过操作面板输入刀补存储器中,编程时用相应的 H/D 代码调用即可。

机外测量刀具长度补偿的指令格式完全同机上测量刀具长度补偿,见表7-7,但刀具长度和零点偏置值的测量完全不同。工件坐标系的 Z 向零点偏置值是机床主轴端面的回转中心(测量基点)在工件坐标系的 Z=0 的平面上时的机床坐标值 Z,如图7-10所示,这要根据工件装夹情况实测。

表7-7 机外测量刀具长度补偿指令格式

系统	FANUC 数控系统	SIEMENS 数控系统
补偿	同机上测量刀具长度补偿指令格式(见表7-6)	
取消	G00 G49 Z＿；或 G00 G43 H00 Z＿；	G00 D00 Z＿；
	Z 是测量基点在工件坐标系中的 Z 坐标值,它的给定应保证机床 Z 轴正向不超程、负向刀位点完全脱离工件,防止后续动作刀具与工件干涉	

机外测量刀具不占用机床,测得的刀具长度、直径都是绝对值,更换被加工零件之后,通用刀具不需要重新对刀,只要重新测量工件零点即可。由上述可见,机外测量刀具长度补偿的两大优点是刀具测量不占用机床和通用刀具不需要重新对刀,一个缺点是需要购置对刀仪。

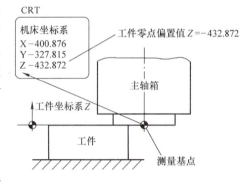

图7-10 主轴端面对刀

(三)参考点编程及进给暂停

1. 参考点编程 G28/G74

除手动返回参考点外,还有自动返回参考点功能,其指令格式见表7-8。

表7-8 参考点编程指令格式

系统	FANUC 数控系统	SIEMENS 数控系统
自动返回参考点	G91 G28 X＿ Y＿ Z＿； X、Y、Z 表示中间点在工件坐标系中的坐标值,参考点由机床存储。G28 指令刀具快速经中间点自动返回到参考点,经中间点的目的是防止返回参考点时刀具与工件等发生干涉。G28 程序段能记忆中间点的坐标值,直至被新的 G28 中对应的坐标值替换为止	G74 X1=0 Y1=0 Z1=0； 用 G74 指令实现自动返回参考点,每个轴返回参考点的方向和速度存储在机床数据中,所以机床坐标轴名称后的数值不识别,但一定要写数值。G74 是单程序段、一次性 G 代码

【促成任务7-2】 解释 O83 程序各段意义。

O83；

N10 G90 G00 G54 X100 Y200 Z100 S300 M03；刀具到 G54 中(X100,Y200,Z100)位置,初始化。

N20 G91 G28 Y0；刀具快速经中间点"G91 Y0"即"G90 G54 Y200"返回 Y 向参考点,实际上"经"中间点"G91 Y0"时,机床没有移动,返回参考点时机床才移动。如果这一句改成"N20 G90 G28 Y0；",刀具先回到"G90 G54 Y0"位置再接着到 Y 向参考点,很有可能在到达"G90 G54 Y0"位置期间与工件严重干涉。

N30 M30；程序结束。

2. 进给暂停 G04

执行该指令期间，机床其他动作照旧执行，但刀具做短时间（几秒钟）的无进给（F=0）光整加工，常用于锪平、沉孔、尖角等加工，指令格式见表7-9。

表7-9 进给暂停 G04 指令格式

系统	FANUC 数控系统	SIEMENS 数控系统
暂停	G04 X__；或 G04 P__；	G04 F__；或 G04 S__；
说明	X 后为暂停时间（s）	F 后为暂停时间（s）
	P 后为暂停时间（ms），只能整数	S 后进给暂停时间折合的主轴转速
	G04 为一次性、单段 G 代码	

（四）孔加工固定循环

孔加工固定循环指在 XY 平面内快速定位到孔中心位置后，沿 Z 轴经一系列固定动作自动加工孔的一种简便编程方式。

1. 固定循环平面

固定循环中，Z 方向（主轴）到达的一些位置平面有明确定义，见表7-10。

表7-10 固定循环平面定义

系统	FANUC 数控系统	SIEMENS 数控系统
平面定义 （图7-11、 图7-12）	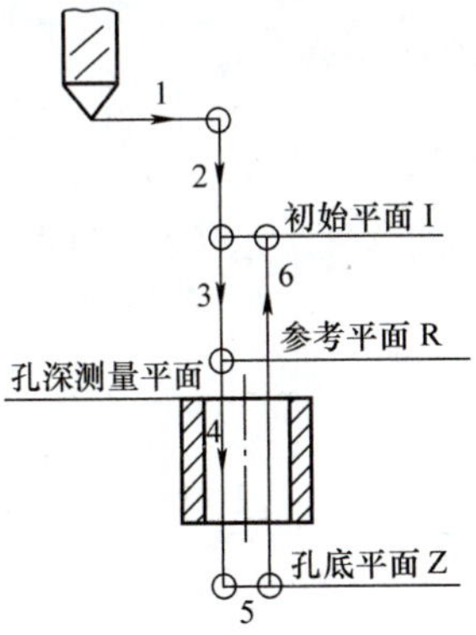 图7-11 固定循环平面	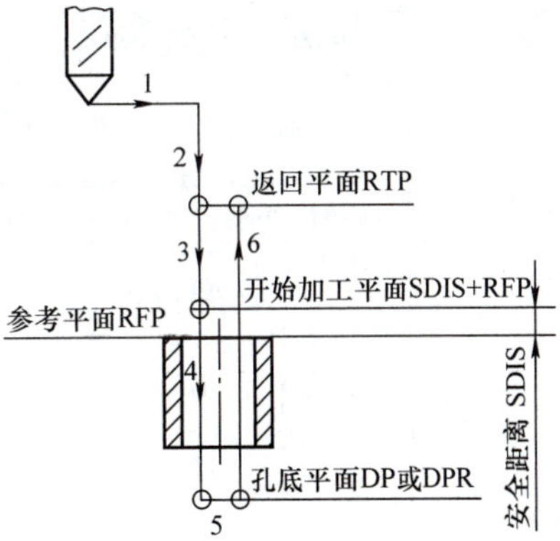 图7-12 固定循环平面
初始平面	初始平面 I：由固定循环前的最近 Z 坐标决定，实际上不在固定循环内。安全时，可与参考平面 R 相同 刀具在该平面内任意移动都不会与夹具、工件凸台等发生干涉，在这个平面内或这个平面以上完成孔位快速定位动作1	返回平面 RTP：安全时，可与加工开始平面 SDIS + RFP 相同

(续)

系统	FANUC 数控系统	SIEMENS 数控系统
安全平面	参考平面 R	加工开始平面 SDIS + RFP：由数控系统计算不编程
	高于孔深测量平面的安全平面，规定刀具由快进转为工进、完成快进动作的终止平面或工进的开始平面	
孔深测量平面	孔深测量平面：不编程	参考平面 RFP
孔底平面	孔底平面 Z	孔底平面 DP 或 DPR；DP、DPR 只要指令其中一个。如果指令了两个，DPR 有效。使用 DP，程序的可读性好
	要考虑刀尖无效长度和通孔的切出量	
返回平面	G98 决定动作 6 返回到初始平面 I，G99 决定动作 6 返回到参考平面 R，两者取一	返回平面 RTP

2. 固定循环指令格式

由于孔加工繁杂，因此孔加工固定循环种类较多，但指令格式基本相同，见表 7-11。

表 7-11 固定循环指令格式

系统	FANUC 数控系统	SIEMENS 数控系统
格式	G90/G91 G98/G99 G□□X__ Y__ R__ Z__ Q__ P__ K__ F__； 取消：G80；	非模态：CYCLE□□（RTP, RFP, SDIS, DP, DPR, ……）； 模态：MCALL CYCLE□□（RTP, RFP, SDIS, DP, DPR, ……）； 取消模态：MCALL；
绝对值与增量值	G90/G91 决定孔位坐标（X，Y）、固定循环参数 R、Z 的尺寸字 固定循环参数 R、Z 用 G90 编程方便，如图 7-13 所示 如果孔的排列位置没有规律、杂乱无章，X、Y 坐标用 G90 编程方便；如果孔位等距排列，X、Y 坐标用 G91 编程方便 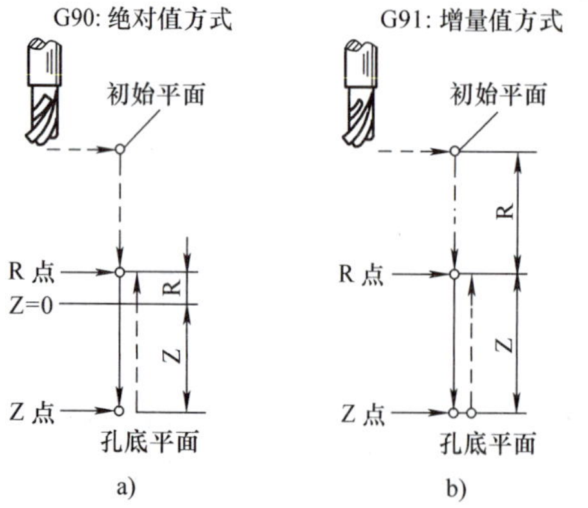 G90: 绝对值方式　　　　G91: 增量值方式 图 7-13　G90/G91 与固定循环参数 R、Z 的关系 a) G90 方式　b) G91 方式	返回平面 RTP、参考平面 RFP、孔底平面 DP 用绝对值编程 安全距离 SDIS、参考平面到孔底平面之距 DPR 无正、负号

项目七　固定循环编程数控镗铣多孔板

（续）

系统		FANUC 数控系统	SIEMENS 数控系统
指令说明		1. G□□指孔加工固定循环 G73～G89 共 12 个 G 代码之一，见表 7-12 2. G73～G89 能存储记忆固定循环参数 R、Z、Q、P，若要改变某个参数，就在那个程序段中给这个参数重新赋值，否则在固定循环期间一直有效，它们是模态量 3. G73～G89 是模态指令，多孔加工时只需指定一次，后续的程序段中给定一个位置坐标就执行一次孔加工循环 4. 固定循环次数 K=0，不执行固定循环动作，仅存储记忆固定循环参数 R、Z、Q、P；K=1，常省略不写；K>1，后面专门叙述 5. F 是模态量，可以在固定循环前赋值，所以后续固定循环指令中统一不写	1. CYCLE□□指孔加工固定循环 CYCLE81～CYCLE89 共 8 个指令之一，见表 7-12 2. （RTP，RFP，…）是固定循环参数列表，其中 RTP、RFP、… 是固定循环参数（变量），排序已固定，参数间用"，"分隔，参数可以根据需要取舍，但占"，"位不能省略不写，即使在最后也不能省略 3. 模态调用指多孔加工时只需指定一次固定循环，以后的程序段中给定一个孔的位置坐标就执行一次孔加工循环
孔位指定	第一个孔的位置常这样编程	N10 G90 G00 G54 XX_1 YY_1；初始化，刀具从未知高度定位到第一个孔的位置（X_1，Y_1） N20 G43 H__ Z__；刀具长度补偿到初始平面 I 或返回平面 RTP	
		N30 G98/G99 G□□R__ Z__ P__ Q__ F__；加工第一个孔（X_1，Y_1），存储固定循环参数	N30 CYCLE□□（RTP，RFP，SDIS，DP，DPR，…）；或 MCALL CYCLE□□（RTP，RFP，SDIS，DP，DPR，…）；加工第一个孔（X_1，Y_1），存储固定循环参数
		这种方式动作 1 不会发生干涉、安全可靠、动作清晰，同时程序可读性好	
	后续孔位四种给定方法	1. 杂乱无章分布的、数量不多的孔位，多在主程序中编程。如： N10 G90 G00 G54 XX_1 YY_1…；（X_1，Y_1）为第一个孔的位置 N20 G43 H__ Z__；给定初始平面 I 或返回平面 RTP	
		N30 G98/G99 G□□R__ Z__ Q__ P__ F__；加工第一个孔	N30 MCALL CYCLE□□（RTP，RFP，SDIS，DP，DPR，…）；加工第一个孔（X_1，Y_1），存储固定循环参数
		N40 XX_2 YY_2；加工第二个孔 N50 XX_3 YY_3；加工第三个孔 …	N40 XX_2 YY_2；加工第二个孔 N50 XX_3 YY_3；加工第三个孔 …
		2. 杂乱无章分布的、数量多的、多刀加工的孔位，在子程序中编程。如： … N10 G90 G00 G54 XX_1 YY_1……；（X_1、Y_1）第一个孔的位置 N20 G43 H__ Z__；给定初始平面 I 或返回平面 RTP	
		N30 G98/G99 G□□ R__ Z__ Q__ P__ F__；固定循环加工第一个孔（X_1，Y_1）	N30 MCALL CYCLE□□（RTP，RFP，SDIS，DP，DPR，…）；加工第一个孔（X_1，Y_1），存储固定循环参数
		N40 M98 P××××；调用孔位坐标子程序 O×××× 加工后续孔，程序简单，不易出错	N40 L×××××××；
		O××××；孔位坐标子程序	L×××××××；
		N20 XX_2 YY_2；第二个孔 N30 XX_3 YY_3；第三个孔 N40 XX_4 YY_4；第四个孔 … M99；	

(续)

系统	FANUC 数控系统	SIEMENS 数控系统
孔位指定 / 后续孔位四种给定方法	3. 等间距排孔 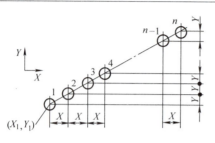 图 7-14 等间距分布的孔 孔的坐标位置用增量方式 G91 编程，固定循环重复次数用 K 来设定，但固定循环参数 R、Z 还是用 G90 编程方便。如： N10 G90 G00 G54 XX_1 YY_1…；（X_1，Y_1）为第一个孔的位置 N20 G43 H__ Z__；给定初始平面 N30 G98/G99 G□□ R__ Z__ Q__ P__ F__；加工第一个孔 N40 G91 X__ Y__ K__；依次加工第二、第三……、第 K 个孔，K 等于孔的总数 n 减去 1，即 $K=n-1$。R、Z 为模态量，由 N10 知保持绝对值，这也解决了 X、Y 用 G91 编程，R、Z 用 G90 编程的方法问题	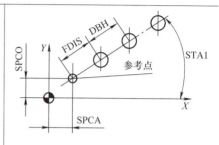 图 7-15 等间距分布的孔 孔的位置坐标指令格式：HOLES1（SPCA, SPCO, STA1, FDIS, DBH, NUM）； SPCA——参考点的 X 坐标，绝对值 SPCO——参考点的 Y 坐标，绝对值 STA1——直线与 X 轴的夹角，$-180°<$ STA1 $\leq 180°$ FDIS——第一个孔到参考点的距离，无符号 DBH——孔距，无符号 NUM——孔数 先加工第一个孔还是最后一个孔，数控系统根据最短路径自动计算决定
	4. 圆周布孔 分布圆半径 R 工件坐标系原点在分布圆中心 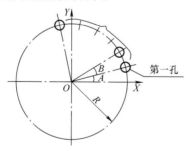 图 7-16 圆周布孔 孔的坐标位置指令格式： N10 G90 G00 G54 G16 XR YA…；第一个孔的位置 N20 G43 H__ Z__；给定初始平面 N30 G98/G99G□□ R__ Z__ Q__ P__ F__；加工第一个孔 N40 G91 YB K__；依次加工第二、第三……第 K 个孔，K 等于孔的总数 n 减去 1，即 $K=n-1$	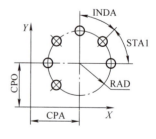 图 7-17 圆周布孔 孔的坐标位置指令格式： HOLES2（CPA, CPO, RAD, STA1, INDA, NUM）； CPA——分布圆圆心的 X 坐标，绝对值 CPO——分布圆圆心的 Y 坐标，绝对值 RAD——分布圆圆的半径，无符号 STA1——第一个孔与 X 轴的夹角，$-180°<$ STA1 $\leq 180°$ INDA——孔间夹角 NUM——孔数

项目七 固定循环编程数控镗铣多孔板

表 7-12 孔加工固定循环指令

FANUC 数控系统		说　　明		SIEMENS 数控系统
G 代码	参数	动作	应用	指令
G81	R__ Z__	工进→快退	钻中心孔、钻孔、粗镗	CYCLE81
G82	R__ Z__ P__	工进→暂停→快退	锪平、钻沉孔、粗镗阶梯孔	CYCLE82
G73	R__ Z__ Q__	渐进→快退到孔内	孔底断屑渐进钻削	CYCLE83
G83		渐进→快退到孔外	孔口排屑渐进钻削	
G74	R__ Z__ P__	工进→主轴逆转→工退，浮动攻螺纹时，用P0	攻左螺纹	CYCLE84（刚性攻螺纹）
G84			攻右螺纹	CYCLE840（浮动攻螺纹）
G85	R__ Z__	工进→工退	铰孔	CYCLE85
G76	R__ Z__ Q__ P__	工进→主轴定向让刀→快退→恢复	半精镗、精镗	CYCLE86
G86	R__ Z__	工进→主轴停转→快退→恢复		
G87	R__ Z__ Q__ P__	主轴定向让刀→快进→主轴定心转动→工进→暂停→主轴定向让刀→快退	反镗	
G89	R__ Z__ P__	工进→暂停→工退	精铰、精镗沉孔	CYCLE89
G80		取消固定循环		MCALL

3. 固定循环种类 G73 ~ G89/CYCLE81 ~ CYCLE840

（1）高速钻孔循环 G81/CYCLE81　高速钻孔循环主要用于脆性材料钻、扩、铰、粗镗等，指令格式见表 7-13。

表 7-13 高速钻孔循环 G81/CYCLE81

系统	FANUC 数控系统	SIEMENS 数控系统
指令格式	G81 R__ Z__； R——参考平面坐标 Z——孔底坐标	CYCLE81（RTP, RFP, SDIS, DP, DPR）； RTP——返回平面坐标（绝对值） RFP——参考平面坐标（绝对值） SDIS——安全距离（无正负号） DP——孔深参数，孔底坐标（绝对值） DPR——孔深参数，参考平面到孔底平面之距（无正负号）

(续)

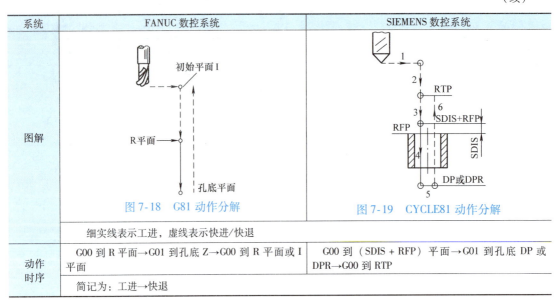

（2）渐进钻孔循环 G73、G83/CYCLE83 渐进钻孔循环 G73、G83/CYCLE83 具有断屑功能，主要用于深孔钻削加工，指令格式见表 7-14。

表 7-14　渐进钻孔循环 G73、G83/CYCLE83

(续)

系统	FANUC 数控系统	SIEMENS 数控系统
格式、图解、动作	2. 孔口排屑 G83 R__ Z__ Q__ ; 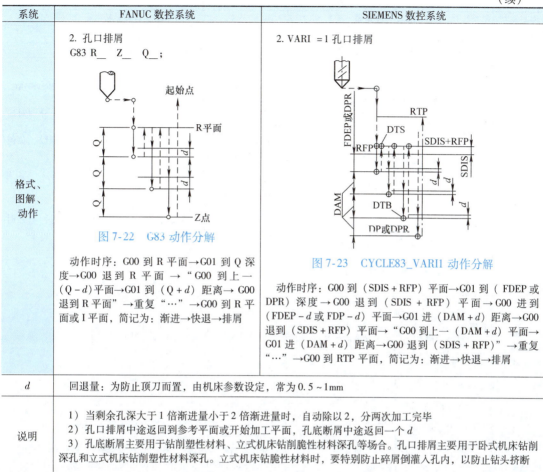 图 7-22 G83 动作分解 动作时序：G00 到 R 平面→G01 到 Q 深度→G00 退到 R 平面 → "G00 到上一 (Q-d) 平面→G01 到 (Q+d) 距离 → G00 退到 R 平面"→重复"…"→G00 到 R 平面或 I 平面，简记为：渐进→快退→排屑	2. VARI = 1 孔口排屑 图 7-23 CYCLE83_VARI1 动作分解 动作时序：G00 到 (SDIS + RFP) 平面→G01 到 (FDEP 或 DPR) 深度 → G00 退到 (SDIS + RFP) 平面→G00 进到 (FDEP - d 或 FDP - d) 平面→G01 进 (DAM + d) 距离→G00 退到 (SDIS + RFP) 平面→"G00 到上一 (DAM + d) 平面→G01 进 (DAM + d) 距离→G00 退到 (SDIS + RFP)"→重复"…"→G00 到 RTP 平面，简记为：渐进→快退→排屑
d	回退量：为防止顶刀而置，由机床参数设定，常为 0.5~1mm	
说明	1) 当剩余孔深大于 1 倍渐进量小于 2 倍渐进量时，自动除以 2，分两次加工完毕 2) 孔口排屑中途返回到参考平面或开始加工平面，孔底断屑中途返回一个 d 3) 孔底断屑主要用于钻削塑性材料、立式机床钻削脆性材料深孔等场合。孔口排屑主要用于卧式机床钻削深孔和立式机床钻削塑性材料深孔。立式机床钻脆性材料时，要特别防止碎屑倒灌入孔内，以防止钻头挤断	

（3）攻螺纹循环 G74、G84/CYCLE84、CYCLE840 攻螺纹前，先要加工好螺纹底孔、孔口倒角等，再用丝锥、本指令编程加工螺纹孔。常用圆柱螺纹底孔钻头选用见表 7-15，攻螺纹循环指令见表 7-16。

表 7-15 常用圆柱螺纹底孔钻头选用 （单位：mm）

螺纹 M	螺距 P		钻头直径	螺纹 M	螺距 P		钻头直径
M3	粗	0.5	2.5	M10	粗	1.5	8.50
	细	0.35	2.65		细	1.25	8.70
M4	粗	0.7	3.30			1.0	9.00
	细	0.5	3.50			0.75	9.20
M5	粗	0.8	4.20	M12	粗	1.75	10.20
	细	0.5	4.50		细	1.5	10.50
M6	粗	1.0	5.00			1.25	10.70
	细	0.75	5.20			1.0	11.00
M8	粗	1.25	6.70	M16	粗	2	13.90
	细	1.0	7.00		细	1.5	14.50
		0.75	7.20			1.0	15.00

表 7-16 攻螺纹循环 G74、G84/CYCLE84、CYCLE840

系统	FANUC 数控系统	SIEMENS 数控系统
攻螺纹方式	刚性攻螺纹：要求主轴安装位置编码器、具有同步转速功能，用刚性丝锥刀柄攻螺纹 浮动攻螺纹：主轴没有安装位置编码器，不具有同步转速功能，用浮动攻螺纹夹头刀柄攻螺纹	
格式、图解、动作	1. 左螺纹 G74 R__ Z__ P__； P——刚性攻螺纹孔底暂停时间（s），浮动攻螺纹忽略 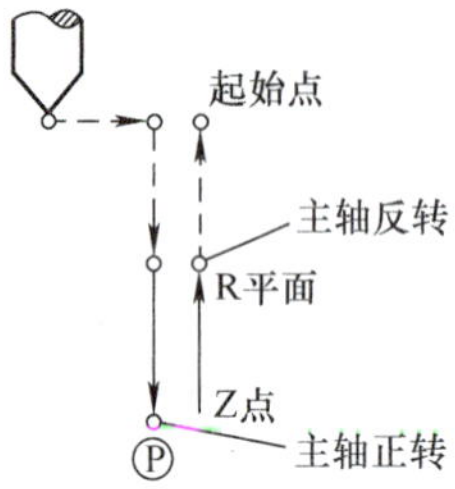 图 7-24 G74 动作分解 2. 右螺纹 G84 R__ Z__ P__； 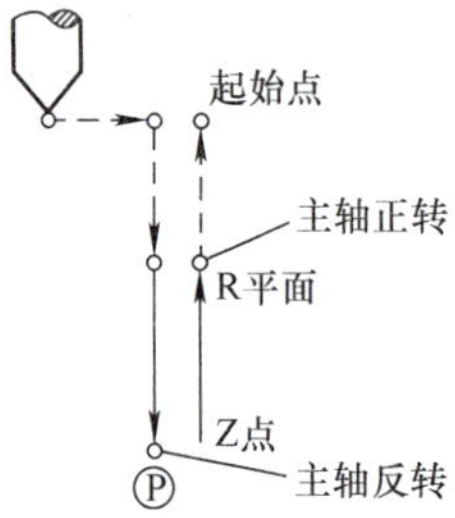 图 7-25 G84 动作分解 动作时序：循环前主轴正转 M03→ G00 到 R 平面→G01 到 Z 点→主轴 M04、刚性暂停、浮动不停→G01 到 R 平面或 I 平面→主轴 M03，简记为：工进→反转→工退→恢复	1. 刚性攻螺纹 CYCLE84（RTP, RFP, SDIS, DP, DPR, DTB, SDAC, MPIT, PIT, POSS, SST, SST1）； SDAC——循环结束后的主轴回转状态，值 3、4 分别对应 M03、M04；右螺纹取 3，左螺纹取 4 MPIT——螺纹公称尺寸 M3～M48，正值表示右螺纹，负值表示左螺纹 DTB——孔底暂停时间（s） PIT——螺距，正值表示右螺纹，负值表示左螺纹 POSS——攻螺纹前主轴转换成位置控制方位（°） SST——攻螺纹主轴转速（r/min） SST1——退刀时主轴转速（r/min）。SST1 = 0 时，退刀时主轴转速 = 攻螺纹主轴转速 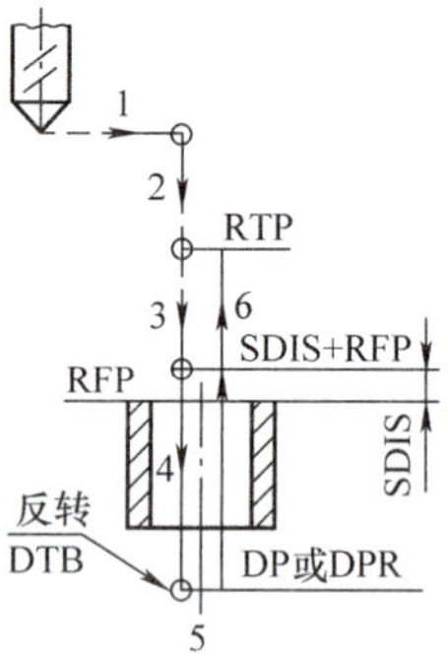 图 7-26 CYCLE84 动作分解 动作时序：循环前以 SDAC 方向旋转 →G00 到（SDIS + RFP）平面→G01 到 DP 或 DPR 孔底→主轴反转、暂停→ G01 退刀至（SDIS + RFP）平面→恢复主轴转向→G00 到 RTP 平面 2. 浮动攻螺纹 CYCLE840（RTP, RFP, SDIS, DP, DPR, DTB, SDR, SDAC, ENC, MPIT, PIT）； DTB 建议忽略 SDR——退刀时主轴旋转方向。要使主轴转向自动颠倒，必须设置 SDR = 0。如果 SDR = 0，SDAC 没有意义，忽略 带编码器时 ENC = 0；不带编码器时 ENC = 1。尽管有编码器存在，如果 ENC = 1，循环中将不考虑编码器的作用，主轴的旋转方向必须在循环调用之前用 M03 或 M04 编程 动作时序同 CYCLE84
说明	1. 主轴倍率开关、进给倍率开关、进给保持（循环停止）、单程序段方式无效 2. 带编码器的机床，既可刚性攻螺纹也可浮动攻螺纹；不带编码器的机床建议只用浮动攻螺纹	

攻螺纹时，主轴转速、进给速度与螺距的关系是

$$v_f = nP$$

式中 P——单线螺纹的螺距（mm）；

n——主轴转速（r/min）；

v_f——进给速度（mm/min）。

攻螺纹期间，进给和主轴倍率开关、单程序段方式无效。

(4) 铰孔循环 G85/CYCLE85 铰孔前，先要加工好底孔，再用本指令编程、铰刀铰孔，特别是塑性材料铰孔。指令格式见表 7-17。

表 7-17 铰孔循环 G85/CYCLE85

系统	FANUC 数控系统	SIEMENS 数控系统
格式	G85 R__ Z__；	CYCLE85（RTP, RFP, SDIS, DP, DPR, DTB, FFR, RFF）； FFR——工进速度（mm/min） RFF——工退速度（mm/min）
图解	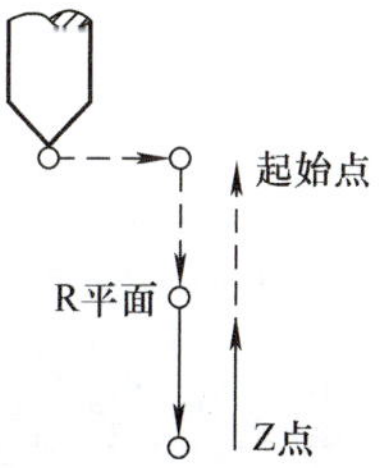 图 7-27 G85 动作分解	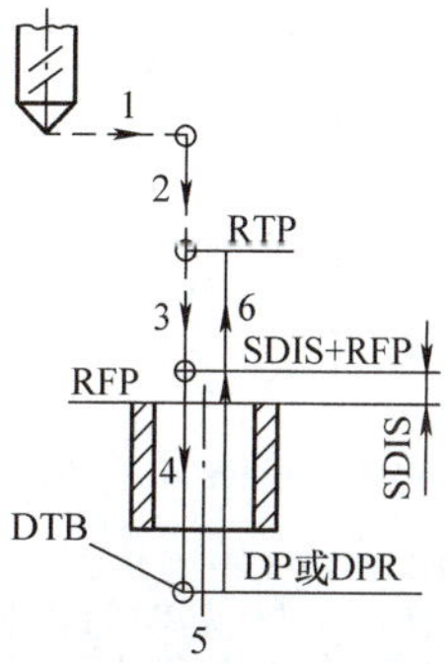 图 7-28 CYCLE85 动作分解
动作	G00 到 R 平面→G01 到孔深 Z→G01 退至 R 平面或 I 平面，简记为：工进→工退	G00 到（SDIS + RFP）平面→以 FFR 速度 G01 到孔底 DP 或 DPR 平面→暂停 DTB→以 RFF 速度 G01 到 RTP 平面，简记为：工进→暂停→工退 非平底孔时，DTB 略

(5) 精镗循环 G76、G86/CYCLE86 精镗循环 G76、G86/CYCLE86 是在原有孔的情况下，用镗刀对该孔进行半精或精镗加工，指令格式见表 7-18。

表 7-18 精镗循环 G76、G86/CYCLE86

系统	FANUC 数控系统	SIEMENS 数控系统
主轴定向准停	数控铣床一般无此功能，加工中心应该有，即数控铣床无 G76，CYCLE86 忽略 RPA、RPO、RPAP、POSS	
格式、图解、动作	1. 孔底主轴停 G86 G86 Z__ R__； 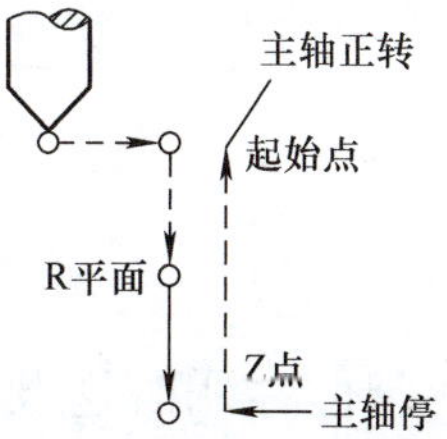 图 7-29 G86 动作分解	CYCLE86（RTP, RFP, SDIS, DP, DPR, DTB, SDIR, RPA, RPO, RPAP, POSS）； SDIR——工进主轴转向，值 3、4 分别对应 M03、M04 RPA——X 轴让刀量，带正负号的增量值 RPO——Y 轴让刀量，带正负号的增量值 RPAP——Z 轴让刀量，常为 0 POSS——主轴定向准停位置（°）

（续）

系统	FANUC 数控系统	SIEMENS 数控系统
格式、图解、动作	动作时序：G86 与 G81 类似，但进给到孔底后主轴停转→G00 返回到 R 平面或 I 平面→恢复旋转，简记为工进→停转→快退→恢复 2. 孔底主轴让刀 G76 G76 Z__ R__ Q__ P__; Q——定向让刀距离，无符号，让刀方向由机床参数确定 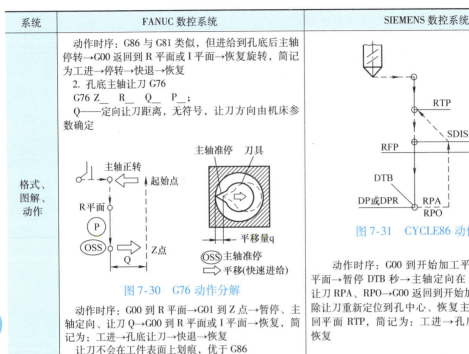 图 7-30　G76 动作分解 动作时序：G00 到 R 平面→G01 到 Z 点→暂停、主轴定向、让刀 Q→G00 到 R 平面或 I 平面→恢复，简记为：工进→孔底让刀→快退→恢复 让刀不会在工件表面上划痕，优于 G86	图 7-31　CYCLE86 动作分解 动作时序：G00 到开始加工平面→G01 到孔底平面→暂停 DTB 秒→主轴定向在 POSS 位置→G00 让刀 RPA、RPO→G00 返回到开始加工平面→G00 消除让刀重新定位到孔中心、恢复主轴旋转、并返回平面 RTP，简记为：工进→孔底让刀→快退→恢复

（6）取消固定循环 G80/MCALL　固定循环 G73、G74、G76、G81～G89 和 CYCLE81～89 有效期间，只要（X, Y）变一下就执行一次孔加工，不用时切记要取消。取消指令格式见表 7-19。

表 7-19　取消固定循环 G80/MCALL

系统	FANUC 数控系统	SIEMENS 数控系统
指令	G80; 模态、共容、原始 G 代码，取消 G73、G74、G76、G81～G89	MCALL; 单段、原始指令，取消 MCALL CYCLE81～89

（7）固定循环注意事项

1）在调用固定循环前，如主轴转速、转向等初始条件必须按固定循环各自要求指令。

2）如果在固定循环有效期间指定 01 组（G00～G03 等）任一 G 代码时，则取消固定循环 G73～G89，执行 01 组 G 代码，这相当危险。

3）如果孔距、初始平面 I 到参考平面 R、返回平面 RTP 到开始加工平面（SDIS + RFP）距离很小，主轴达不到正常转速时，须在每个钻孔动作间插入暂停指令 G04，延长时间，等待达到要求。

四、相关实践

1. 工艺设计

从图 7-1、项目七过程考核卡可以看出，该零件毛坯及需用工艺装备已经具备。加工时一道工序完成所有加工，为此制订了表 7-20 数控加工工序卡片。

项目七 固定循环编程数控镗铣多孔板

表 7-20 数控加工工序卡片

(单位)	数控加工工序卡片		产品名称或代号		零件名称		材料		零件图号	
			数控镗铣孔盘类零件		多孔板		45		TX07-01	
程序编号	夹具名称	夹具编号		使用设备				车间		
	200 机用平口虎钳			XH714 型加工中心				数控实训中心		
工序号	工步内容	刀具号	刀具规格/mm	主轴转速 /(r/min)	进给量 /(mm/min)	背吃刀量 /mm		量具		备注
工步号										
1	各孔钻中心孔	T01	φ2mm 中心钻	1000	100			游标卡尺 125mm±0.02mm		
2	各孔钻至 φ8.5mm，表面粗糙度值 Ra12.5μm	T02	φ8.5mmHSS 钻头	600	70					
3	4 × φ12H8 扩至 4 × φ11.8mm，表面粗糙度值 Ra12.5μm	T03	φ11.8mmHSS 钻头	500	90					
4	铣 φ30H9 至 φ29.5mm，表面粗糙度值 Ra6.3μm	T04	φ16HSS 立铣刀	550	60					
5	各孔倒角 C1，表面粗糙度值 Ra6.3μm	T05	φ20mm × 90° HSS 锪钻	400	50					
6	精镗 φ30H9 ($^{+0.052}_{0}$)，表面粗糙度值 Ra3.2μm	T06	φ30mm 精镗刀	1800	120			18～35mm 内径表 25～50mm 千分尺		
7	铰孔 4 × φ12H8 ($^{+0.027}_{0}$)，表面粗糙度值 Ra3.2μm	T07	φ12H8 铰刀	400	50			φ12H8 塞规		
8	攻螺纹 21 × M10-7H	T08	M10-7H 丝锥	100	150			M10-7H 螺纹塞规		
9	去毛刺、清理、防锈									
编制		审核		批准			共 页	第 页		

2. 数控编程

（1）工件坐标系　由图 7-1 可知，工件左下角是排孔设计基准，圆周布孔以其分布中心为设计基准。为了便于坐标计算，在工件左下角、圆周布孔中心分别建立 G54、G55 两个工件坐标系，Z 向零点在工件顶面，如图 7-32 所示。

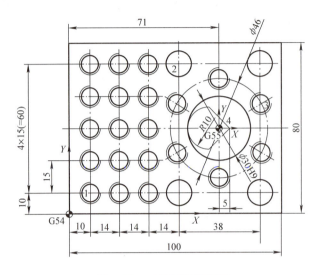

图 7-32　工件坐标系设置

（2）编程方案　由于同种孔数较多，每种孔加工需要刀具多，孔位坐标重复次数多，所以除 $\phi30H9$ 外，其余都用主、子程序编程，方案见表 7-21。

表 7-21　编程方案

工步内容	方案	备注
各孔钻中心孔	G81/CYCLE81	
钻孔	G83/CYCLE83	
扩孔	G81/CYCLE81	
铣 $\phi30H9$ 至 $\phi29.5mm$，$Ra6.3\mu m$	G00～G03/G40、G41	
倒角 $4×\phi12H8$、$21×M10-7H$、$\phi30H9$	G82/CYCLE82	
$\phi30H9$ 精镗，G55 零点下刀	G86/CYCLE86	
$15×M10-7H$ 螺纹孔排孔，第①孔在主程序	G84/CYCLE840 O715 子程序	子程序与孔数关系小技巧等
$6×M10-7H$ 螺纹孔圆周布孔，第③孔在主程序	G84/CYCLE84 O706 子程序	
铰孔 $4×\phi12H8$，第②孔在主程序	G85/CYCLE85 O704 子程序	
铣 $\phi30mm$ 孔子程序	O702 子程序	分 5 层

（3）程序清单　程序清单见表7-22。

表 7-22　加工图 7-1 所示多孔板的程序清单

段号	FANUC 数控系统	备　注	SIEMENS 数控系统
	O715；	15×M10-7H 螺纹孔排孔，第①孔在主程序	L715；
N10	G91 X0 Y15 K4；		HOLES1（10，10，90，15，15，4）；
N20	X14 Y0；		HOLES1（24，70，-90，0，15，5）；
N30	X0 Y-15 K4；		
N40	X14 Y0；		HOLES1（38，10，90，0，15，5）；
N50	X0 Y15 K4；		
N60	M99；		M17；
	O706；	6×M10-7H 子程序，第③孔在主程序	L706；
N10	G16 X23 Y90；		
N20	Y150；		HOLES2（0，0，23，90，60，5）；
N30	Y210；　或 G91 Y60 K5；		
N40	Y270；		M17；
N50	Y330；		
N60	G90 G15 M99；	子程序结束	
	O704；	4×φ12H8 子程序，第②孔在主程序	L704；
N10	G55 X-19 Y-30；		G55 X-19 Y-30；
N20	X19；		X19；
N30	Y30；		Y30；
N40	M99；	子程序结束	M17；
	O702；	铣φ30mm 孔子程序	L702；
N10	G55 G91 G01 Z-4.5 F40；		G55 G91 G01 Z-4.5 F40；
N20	G90 G41 D01 X-5 Y10 F60；		G90 G41 D01 X-5 Y10 F60；
N30	G03 X-15 Y0 R10；		G03 X-15 Y0 CR=10；
N40	G03 I15；		G03 I15；
N50	G03 X-5 Y-10 R10；		G03 X-5 Y-10 CR=10；
N60	G40 G01 X5 Y0；		G40 G01 X5 Y0；
N70	M99；		M17；
	O71；	主程序	SMS71；
N10	G91 G28 Z0；	Z 轴回参考点	G74 Z1=0；
N20	T01 M06；	φ2mm 中心钻	T01 M06；
N30	G90 G00 G54 X10 Y10 S1000 M03 F1000；	点1	G90 G00 G54 X10 Y10 S1000 M03 F1000；

（续）

段号	FANUC 数控系统	备 注	SIEMENS 数控系统
	O71;	主程序	SMS71;
N40	G43 H01 Z3;	刀具长度补偿	Z3 D1;
N50	G81 R3 Z-5;		MCALL CYCLE81 (3, 0, 3, -5,);
N60	M98 P715;	15×M10-7H 螺纹孔排孔, 第①孔在 N30	L715;
N70	G55 G16 X23 Y30;	点 3	G55 G111 X0 Y0; RP=23 AP=30;
N80	M98 P706;	6×M10-7H 圆周布螺纹孔, 第③孔在 N70	L706;
N90	G55 X-19 Y30;	点 2	G55 X-19 Y30;
N100	M98 P704;	4×φ12H8, 第②孔在 N90	L704;
N110	G55 X0 Y0;	φ30H9	G55 X0 Y0;
N115	G49 G80 G00 Z100;		MCALL; G00 D00 Z100;
N120	G91 G28 Z0;	Z 轴回参考点	G74 Z1=0;
N130	T02 M06;	φ8.5mm HSS 钻头	T02 M06;
N140	G90 G00 G54 X10 Y10 S600 M03 F70;	点 1	G90 G00 G54 X10 Y10 S600 M03 F70;
N145	G43 H02 Z3;	刀具长度补偿	Z3 D1;
N150	G83 R3 Z-25 Q5;		MCALL CYCLE83 (3, 0, 3, -25, 5, 5, 0, 0, 1, 1);
N160	M98 P715;	15×M10-7H 螺纹孔排孔	L715;
N170	G55 G16 X23 Y30;	点 3	G55 G111 X0 Y0; RP=23 AP=30;
N180	M98 P706;	6×M10-7H 圆周布螺纹孔	L706;
N190	G55 X-19 Y30;	点 2	G55 X-19 Y30;
N200	M98 P704; X0 Y0; G49 G80 G00 Z100;	4×φ12H8	L704; X0 Y0; MCALL; G00 D00 Z100;
N210	G91 G28 Z0;	Z 轴回参考点	G74 Z1=0;
N220	T03 M06;	φ11.8mmHSS 钻头	T03 M06;
N230	G90 G00 G55 X-19 Y30 S500 M03 F90;	点 2	G90 G00 G55 X-19 Y30 S500 M03 F90;
N240	G43 H03 Z5;	刀具长度补偿	Z5 D1;
N250	G81 R5 Z-25;		MCALL CYCLE81 (5, 0, 5, -25,);
N260	M98 P704;	4×φ12H8	L704;
N265	G49 G80 G00 Z100;		MCALL; G00 D00 Z100;

项目七　固定循环编程数控镗铣多孔板

(续)

段号	FANUC 数控系统	备　注	SIEMENS 数控系统
	O71；	主程序	SMS71；
N270	G91 G28 Z0；	Z轴回参考点	G74 Z1 = 0；
N280	T04 M06；	φ16mmHSS 立铣刀	T04 M06；
N290	G90 G00 G55 X5 Y0 S550 M03；	铣 φ30mm 孔	G90 G00 G55 X5 Y0 S550 M03；
N300	G43 H04 Z3；		Z3 D1；
N310	G01　Z0；		G01　Z0；
N320	M98 P50702； G49 G00 Z100；		L702 P5； G00 D00 Z100；
N330	G91 G28 Z0；		G74 Z1 = 0；
N340	T05 M06；	φ20mm×90°HSS 锪钻	T05 M06；
N350	G90 G00 G54 X10 Y10 S400 M03 F50；		G90 G00 G54 X10 Y10 S400 M03 F50；
N360	G43 H05 Z3；		Z3 D1；
N370	G82 R3 Z - 5 P200；	试切 Z - 5	MCALL CYCLE82（3，0，3，-5，Z - 5，1，）；
N380	M98 P715；	15×M10 - 7H	L715
N390	G55 G16 X23 Y30；		G55 G111 X0 Y0； RP = 23 AP = 30；
N400	M98 P706；	6×M10 - 7H	L706；
N410	G80　G55 X - 19 Y30；		G55 X - 19 Y30；
N420	G82 R3 Z - 7 P200；	试切 Z - 7	MCALL CYCLE82（3，0，3，-7，，Z - 5，1，）；
N430	M98 P704；	4×φ12H8	L704； MCALL；
N440	G80 G00 G55 X0 Y0；	铣 φ30mm 孔倒角	G00 G55 X0 Y0；
N450	Z - 5；	试切 Z - 5	Z - 5；
N460	G41 D02 X - 5 Y10；		G41 D02 X - 5 Y10；
N470	G03 X - 15 Y0 R10；		G03 X - 15 Y0 CR = 10；
N480	G03 I15；		G03 I15；
N490	G03 X - 5 Y - 10 R10；		G03 X - 5 Y - 10 CR = 10；
N500	G01 G40 X0 Y0； G49 G00 Z100；		G01 G40 X5 Y10； G00 D00 Z100；
N510	G91 G28 Z0；		G74 Z1 = 0；
N520	T06 M06；	精镗 φ30mm	T06 M06；
N530	G90 G00 G55 X0 Y0 S1800 M03 F120；		G90 G00 G55 X0 Y0 S1800 M03 F120；
N540	G43 H06 Z5；		Z5 D1；
N550	G86 R5 Z - 22； G49 G80 G00 Z100；		CYCLE86（5，0，5，-22，，0，3，0，0，0，0）； G00 D00 Z100；
N560	G91 G28 Z0；		G74 Z1 = 0；

（续）

段号	FANUC 数控系统	备 注	SIEMENS 数控系统
	O71；	主程序	SMS71；
N570	T07 M06；	φ12H8 铰刀	T07 M06；
N580	G90 G00 G55 X-19 Y30 S400 M03 F50；		G90 G00 G55 X-19 Y30 S400 M03 F50；
N590	G43 H07 Z5；		Z5 D1；
N600	G85 R5 Z-25；		MCALL CYCLE85（5，0，5，-25，，0，50，200）；
N610	M98 P704； G49 G80 G00 Z100；		L704； MCALL； G00 D00 Z100；
N620	G91 G28 Z0；		G74 Z1=0；
N630	T08 M06；	M10-7H 丝锥	T08 M06；
N640	G90 G00 G55 G16 X23 Y30 S100 M03 F150；		G90 G00 G55 G111 X0 Y0 S100 M03 F150； RP=23 AP=30；
N650	G43 H08 Z5；		Z5 D1；
N660	G84 R5 Z-25；		MCALL CYCLE84（5，0，5，-25，，0，3，10，0，1.5，0，100，100）；
N670	M98 P706；		L706；
N680	G54 X10 Y10；		G54 X10 Y10；
N690	M98 P715； G49 G80 G00 Z100；		L715； MCALL； G00 D00 Z100；
N700	G91 G28 Z0；		G74 Z1=0；
N710	T00 M06；		T00 M06；
N720	G28 Y0；		G74 Y1=0；
N730	M30；		M30；

思考与练习题

一、问答题

1. 何为顺序选刀？何为随机选刀？怎样编程？
2. 某台数控机床返回到参考点时的机床坐标值 Z=0，设定工件坐标系 G54 的零点偏置值 Z=0，下列两个程序段哪个正确？为什么？
   1）G90 G00 G54 G49 Z100；
   2）G90 G00 G54 G49 Z-100；
3. 如何让机床不动作，但要存储孔加工固定循环参数 R、Z 等？
4. 孔加工固定循环返回到哪个平面恢复初始设定？
5. 为什么说 FANUC 系统孔加工固定循环适合办公室和在线编程，而 SIEMENS 系统适合在线编程而不适合办公室编程？

二、编程

数控仿真加工或在线加工图 7-33、图 7-34 所示零件。

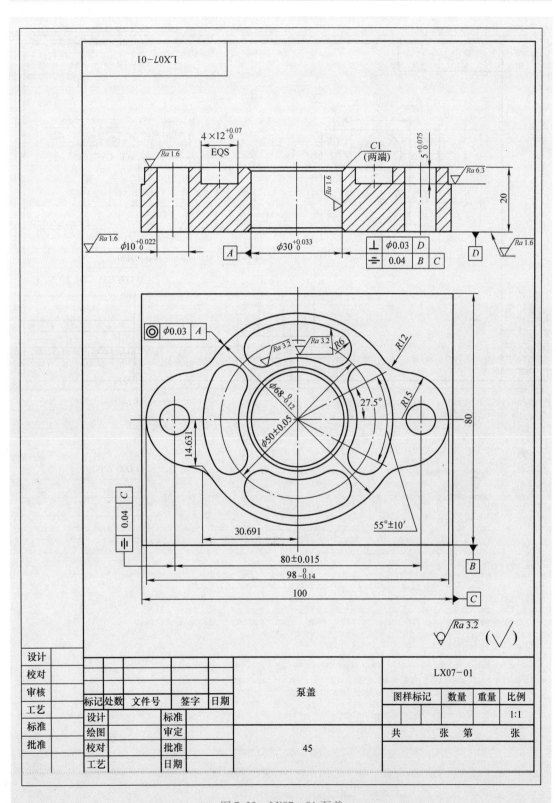

图 7-33　LX07-01 泵盖

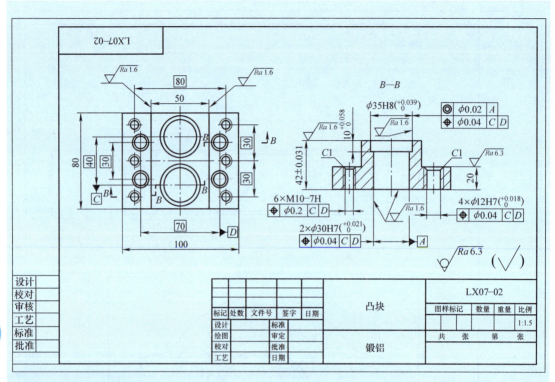

图 7-34 LX07-02 凸块

项目八　分析数控车床的加工能力

一、学习目标

- 终极目标：熟悉数控车削通用技术。
- 促成目标
  1) 熟悉数控车床工艺能力。
  2) 熟悉数控车床坐标系统。
  3) 熟悉数控机床 G、M、F、S、T 功能。
  4) 会操作数控车床操作面板。

二、工学任务

（1）任务
1) 查阅或实地辨析数控车床坐标系统。
2) 查阅或实地观摩数控车床加工轴类、套类、盘类等回转体零件的工艺过程。

（2）条件
1) 具有数控仿真机房。
2) 具有数控车床教学机。
3) 具有数控机床加工轴类、套类、盘类等回转体零件的校内或校外实习基地。

（3）要求
1) 核对、填写"项目八过程考核卡1、2"相关信息。
2) 提交观后报告电子、纸质文档以及"项目八过程考核卡1、2"。

三、相关知识

（一）数控车床的工艺能力及技术参数

数控车床是装备了数控系统的车床或采用了数控技术的车床，是主轴带动工件回转、刀具两轴联动进给的一类加工回转体类零件的金属切削机床（图8-1、图8-2）。把事先编好的加工程序输入到车床数控系统中，由数控系统控制车床刀具等动作，最终加工出符合要求的零件。

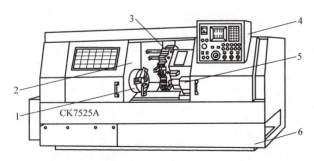

图 8-1　CK7525A 型卧式数控车床的组成部件
1—主轴卡盘　2—主轴箱　3—刀架
4—操纵箱　5—尾座　6—底座

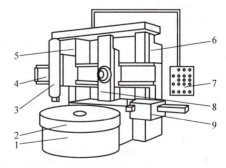

图 8-2　C5240 型立式数控车床的组成部件
1—底座　2—回转工作台　3、8、9—刀架
4—横梁　5—左立柱　6—右立柱　7—操纵箱

1. 数控车床的主要工艺能力

数控车床能轻松地加工普通车床所能加工的内容,但简单的零件用数控车床加工未必经济。数控车床的主要加工对象是:

(1) 表面形状复杂的回转体类零件　由于数控车床具有直线和圆弧插补功能,只要不发生干涉,可以车削由任意直线和曲线组成的形状复杂的回转体零件,如图8-3所示。

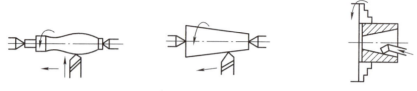

图8-3　数控车床加工形状复杂的回转体类零件

(2) "口小肚大"的内腔零件　图8-4所示零件在普通车床上是难以加工的,而在数控车床上则可以较容易地加工出来。

(3) 带特殊螺纹的零件　由于数控车床具有主轴旋转和刀具进给同步功能,所以能加工恒导程和变导程的圆柱螺纹、圆锥螺纹和端面螺纹,还能加工多线螺纹。螺纹加工是数控车床的一大优点,它车制的螺纹表面光滑、精度高。

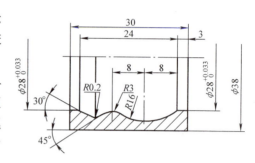

图8-4　"口小肚大"的封闭内腔零件

(4) 精度要求高的零件　由于数控车床刚性好,制造和对刀精度高,能方便和精确地进行人工补偿和自动补偿,所以能加工尺寸精度要求较高的零件,在有些场合可以以车代磨;数控车削的刀具运动是通过高精度插补运算和伺服驱动来实现的,所以数控车床能加工对素线直线度、圆度、圆柱度等形状精度要求较高的零件;工件一次装夹可完成多道工序的加工,提高了加工工件的位置精度;数控车床具有恒线速切削功能,能加工出表面粗糙度值小而均匀的零件。

与数控镗铣床定点孔加工比较,数控车床偏心镗孔是一大优点,能以很低的成本方便地加工大直径孔。

2. 数控车床的主要技术参数

数控车床的主参数是最大车削直径,其主要技术参数见表8-1。

表8-1　CK7525A型数控车床的主要技术参数

名　称	参　数	名　称	参　数
机床型号	CK7525A	刀架最大Z向行程/mm	850
床身上最大工件回转直径/mm	410	主轴转速/(r/min)	32~2000
滑板上最大车削直径/mm	250	进给速度/(mm/min)	X向3~1500　Z向6~3000
最大车削长度/mm	850	手动尾座莫氏锥孔	Morse No.4
刀架	12工位	数控系统	按用户要求确定
方形外圆车刀刀杆 长/mm × 宽/mm	25×25	控制轴数	2轴
圆形镗孔车刀刀杆直径/mm	14	同时控制轴数	2轴
刀架最大X向行程/mm	230		

（二）数控车床通用编程规则

1. 数控车床坐标系

（1）坐标轴的命名　所有数控机床坐标名称和运动方向命名标准相同，全球通用。

1）直线轴 Z。一般选取产生切削力的主轴轴线为 Z 轴。卧式车床的 Z 轴与车床床身导轨平行，正方向是刀架纵向离开卡盘（工件）的方向，如图 8-5a 所示。立式车床的 Z 轴与回转工作台面垂直，与立柱导轨平行，如图 8-5b 所示。

2）直线轴 X。X 轴与 Z 轴垂直，正方向为刀架横向远离主轴轴线的方向，如图 8-5 所示。

3）直线轴 Y。根据已确定的 X、Z 轴，按右手笛卡儿直

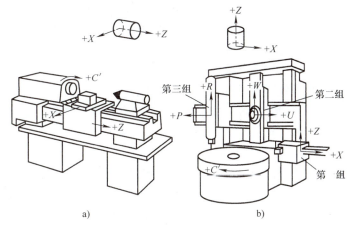

图 8-5　数控车床坐标系
a）卧式　b）立式

角坐标系规则来确定 Y 轴。对于车床，Y 轴多数是虚设轴，实际不存在。

4）回转轴 A、B、C。根据已确定的 X、Y、Z 直线轴，用右手螺旋法则分别确定 A、B、C 三个回转坐标轴，螺旋前进方向为各自的正方向。

5）附加坐标轴。平行于第一组直线坐标轴 X、Y、Z 的第二组直线坐标轴是 U、V、W，第三组直线坐标轴是 P、Q、R。第二组回转轴是 D、E、F。第二组、第三组坐标轴都是附加坐标轴。

（2）机床坐标系与机床原点　为了用户测量方便等，数控车床的机床原点通常设在卡盘后端面与主轴回转中心线的交点处，如图 8-6a 所示的点 M。

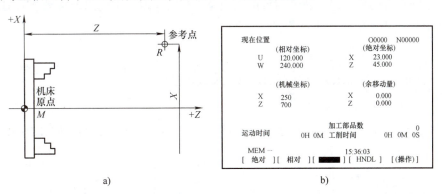

图 8-6　机床原点 M 和参考点 R 的关系
a）机械位置　b）数显位置

（3）参考点与测量基点　对于增量式位置反馈系统，机床返回参考点后便建立了机床坐标系，从此机床每动一下，操作面板上将同步显示。如图 8-6b 所示，机床 X、Z 轴返回

到参考点 R 后（X、Z 原点指示灯〇变亮），机床坐标系中显示的 $X=250$、$Z=700$ 就是参考点 R 在机床坐标系中的坐标值。

通常把数控车床的刀架回转中心命名为测量基点 E，点 E 在机床行程范围内运动，是动点，数控机床就是控制点 E 的轨迹，规定这点的刀具长度、刀尖直径都等于零。如图 8-6 所示，机床返回参考点后，点 E 与点 R 重合。点 R 和点 M 都是机床制造厂家确定的、位置不变的点。

增量式位置反馈系统的数控机床，数控系统关机后不能记忆测量基点的位置，所以总是要求开机后先回参考点，再做其他工作。

对于绝对式位置反馈系统，数控系统关机后能记忆测量基点的位置，所以开机后一般不需要返回参考点，常不设置手动返回参考点方式。

2. 程序结构三要素及程序段格式

每一个程序都由程序名、加工程序段和程序结束符号三要素组成。

（1）程序名 程序名书写格式见表 8-2。

表 8-2 程序号（名）的书写格式

系　　统	FANUC 数控系统	华中 HNC 数控系统
格式	O□□□□;	同 FANUC 系统
说明	□□□□是四位数字，导零可略 如 10 号程序可以写为 O0010，其中，0010 中的前两个"0"称为导零，故可写成 O10	

（2）加工程序段 程序段格式与铣削系统完全相同。

（3）程序结束符号 FANUC 数控系统和华中 HNC 数控系统均以 M30 或 M02 作为主程序的结束符号，以 M99 作为子程序的结束符号。

3. 准备功能

数控车削系统功能代码的意义与铣削系统基本相同，但个别代码的含义有区别。车床数控系统常用 G 代码见附录 A（表 A-2）。

4. M、S、F、T 功能

数控机床常用的 M 功能（见附录 B）基本相同，进给功能 F 常用每转进给，用 S 代码直接指令主轴转速，用 T 代码来选刀或换刀。

5. 工件坐标系 G53 ~ G59

对于卧式数控车床，工件坐标系原点通常设定在工件右端面与回转轴线的交点或夹具的合适位置上，以便测量、计算。如图 8-7 所示，Z_{G54} 表示工件坐标系原点 W 在机床坐标系 $Z_M X_M$ 中的坐标值，加工前把零点偏置值 Z_{G54} 保存到与 G54 对应的 No.1 存储器，编程时工件坐标系用 G54。工件坐标系指令见表 8-3。

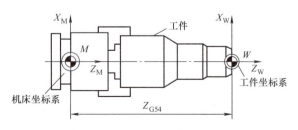

图 8-7 数控车床工件坐标系

项目八 分析数控车床的加工能力

表 8-3 工件坐标系指令

FANUC、华中 HNC 数控系统	说　明
G54/G55/G56/G57/G58/G59…；	选择工件坐标系
G53；	取消工件坐标系，进入机床坐标系。一般设成初始 G 代码

6. 半径编程与直径编程

半径编程与直径编程指定径向尺寸 X 的格式，如图 8-8 所示。用直径编程时，程序执行过程中数控系统自动将直径值除以 2，变成半径使用。直径编程是数控车削编程的一大特点，符合回转体类零件通常标注直径尺寸的机械制图规则，指令格式或设置方法见表 8-4。

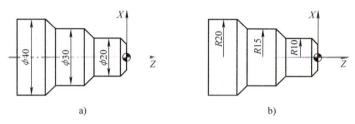

图 8-8 直径编程和半径编程数据
a) 直径编程　b) 半径编程

表 8-4 半径编程与直径编程

FANUC 数控系统设置方法	说　明	华中 HNC 数控系统指令格式
参数 1006 第 3 位 DIA=0	半径编程	G37…；
参数 1006 第 3 位 DIA=1	直径编程，一般设成初始状态	G36…；

7. 绝对尺寸编程与相对尺寸编程 X、Z、U、W/G90、G91、U、W

绝对尺寸编程时，目标点坐标值用工件坐标系中的坐标值。相对尺寸（又称增量尺寸）表示待运行的位移量，即目标点坐标是终点坐标减去起点坐标。差值为正时，表示刀具运动方向与坐标轴正方向相同；差值为负时，表示与坐标轴负方向相同。指令格式见表 8-5。

表 8-5 绝对尺寸编程与相对尺寸编程

FANUC 数控系统	说　明	华中 HNC 数控系统
X、Z	绝对尺寸编程，一般设成初始状态。华中 HNC 系统 G90 仅控制 X、Y、Z 坐标	G90
U、W	相对尺寸编程。华中 HNC 系统 G91 仅控制 X、Y、Z 坐标	G91、U、W
A（X40，Z30） B（X24，Z10）	如图 8-9 所示，给出 A、B 点的坐标 图 8-9 绝对/相对尺寸编程	G90：A（X40，Z30） 　　　B（X24，Z10）
B（U-16，W-20）		G91：B（X-16，Z-20）或 B（U-16，W-20）

应该说明的是，由于程序开始运行前刀具位置不确定，相对尺寸编程因计算不便而不用，所以第一条加工程序段应该用绝对尺寸编程。

FANUC、华中 HNC 数控系统在同一程序段中均可混用绝对尺寸编程和相对尺寸编程，如 X、W 或 U、Z 等。使用绝对尺寸编程、相对尺寸编程还是混用编程不影响零件的加工精度，完全由零件图样尺寸标注形式和编程者喜好决定。一般而言，并联尺寸标注用绝对尺寸编程，串联尺寸标注用相对尺寸编程简单方便。

8. 英制与米制转换 G20、G21

英制与米制转换指定编程坐标尺寸、可编程零点偏置值、进给速度的单位（表 8-6），补偿数据的单位由机床参数设定，要注意查看机床使用说明书。

表 8-6 英制与米制转换

FANUC、华中 HNC 数控系统	说明
G20…;	长度单位为 in（英寸）
G21…;	长度单位为 mm（毫米）

G20、G21 是同组、模态 G 代码，建议将 G21 设成初始 G 代码。

9. 每分进给与每转进给 G98、G99/G94、G95

G98、G99/G94、G95 指定进给功能 F 的单位，见表 8-7。

表 8-7 进给功能单位

FANUC 数控系统	说明	华中 HNC 数控系统
G98…;	每分进给（mm/min）	G94…;
G99…;	每转进给（mm/r），一般设成初始 G 代码	G95…;

数控车床常用每转进给（mm/r），这是因为工艺设计手册上主要以此单位给出进给量的缘故。

思考与练习题

一、填空题

1. 数控车床的测量基点通常设定在刀架的（　　）上。
2. 增量式位置反馈系统的数控机床返回参考点后，机床坐标系中显示的坐标值均为正数，说明机床原点与机床参考点（　　），数控机床的（　　）点将在机床坐标系的（　　）半轴运行。
3. 数控车床的刀架纵向离开工件的方向为其坐标轴（　　）轴的正方向，横向离开工件的方向为其坐标轴（　　）轴的正方向。
4. 数控车床通常用（　　）编程，这符合回转类零件通常标注（　　）的机械制图规则。

二、问答题

1. 如何命名卧式数控车床坐标轴？
2. 用相对（增量）值编程时，坐标值为负，刀具的运动方向与坐标轴的正方向有何关系？
3. 机床回到参考点位置，机床坐标系中显示的坐标值是通过机床数据设定的，可以是任意值吗？为什么？

三、综合题

标注图 8-10 所示机床的坐标轴。

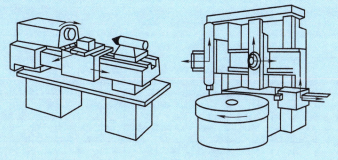

图 8-10　数控车床坐标系

项目八过程考核卡 1

班级_____ 班组_____ 学号_____ 姓名_____ 互评学生_____ 指导教师_____ 组长_____ 考核日期 ___年___月___日

考核内容	评分表				
	序号	项目	评分标准	配分	得分	整改意见

考核内容	序号	项目	评分标准	配分	得分	整改意见
1. 机床标牌	1	机床型号及主要技术参数	会解释机床型号的含义，理解主要参数	5		
2. 面板的组成与功用	2	标显示器、MDI 键盘、遥控面板区域	方位正确	5		
	3	开机操作	正确检查相关项目后开机	5		
	4	关机操作	使机床处在安全防变形位置下关机	5		
	5	面板的组成按钮	清楚面板各按钮、旋钮的功用	10		
3. 开机与关机	6	返回参考点操作	正确返回参考点，记住其机床坐标值和可动部件位置	5		
4. 返回参考点与其他手动操作	7	X、Z 轴的 JOG、MPG、INC 操作	正确进行二轴正、负方向的移动操作，比较可动部件实际移动的方向与坐标值显示的正、负关系，记住大概板限位置	15		
5. 主轴、切削液开关操作	8	主轴正、反转及停止操作	能进行机床主轴正转、反转及停止操作	5		
6. 程序的输入、编辑	9	MDI 操作	能进行 MDI 方式下的各种操作	10		
7. 操作规程	10	新程序的建立	会建立新程序	5		
	11	旧程序的检索调用、字、段的编辑	会调用旧程序，检索字、段并修改	10		
	12	程序的管理、复制	会管理、复制程序	5		
8. 机床的维护保养	13	切削液、照明、排屑器开关操作	在手动方式下进行切削液的开、关操作等	5		
	14	安全操作、机床维护保养	按安全操作规程进行，操作结束后进行机床的维护保养	5		
9. 遵守现场纪律	15	现场纪律	遵守现场纪律	5		
合计				100		

项目八 过程考核卡 2

班级 _____ 班组 _____ 姓名 _____ 学号 _____ 互评学生 _____ 指导教师 _____ 组长 _____ 考核日期 ____ 年 ____ 月 ____ 日

考核内容
1. 工件安装（图 8-11，图 8-12） 图 8-11 自定心卡盘装夹工件 a) 正装三爪轴向定位 b) 正装三爪轴向不定位 c) 反装三爪轴向定位 图 8-12 一夹一顶装夹工件

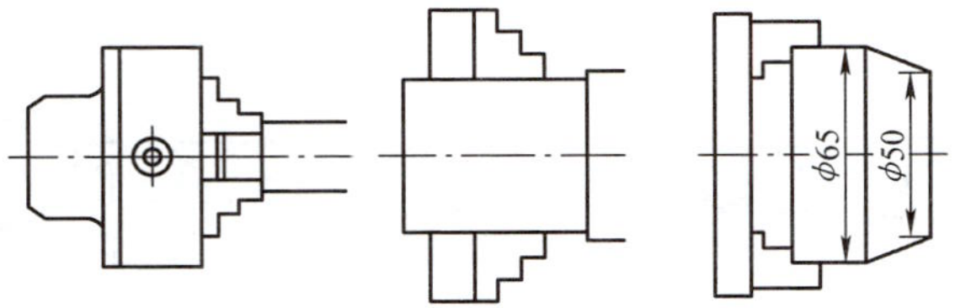

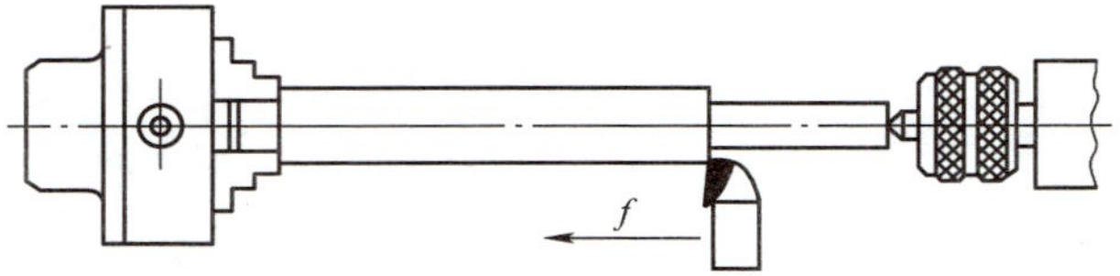

评分表

序号	项目	评分标准	配分	得分	整改意见
1	用自定心卡盘安装工件	正装三爪轴向定位正确	5		
2		正装三爪轴向不定位正确	5		
3		反装三爪轴向定位正确	20		
4	用卡盘和顶尖一夹一顶工件	一夹一顶要领正确	10		

(续)

2. 刀具拆装（图 8-13 ~ 图 8-15）

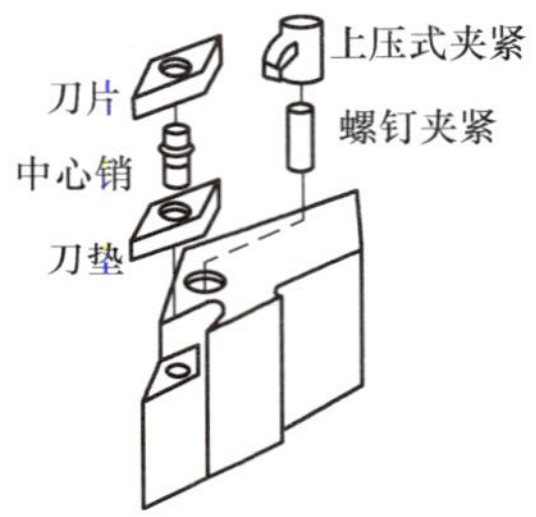

图 8-13 可转位车刀夹紧方式爆炸图

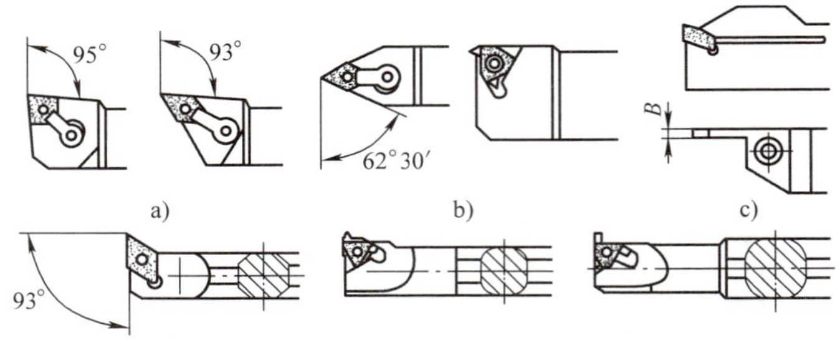

图 8-14 常用车刀
a) 外圆车刀 b) 外螺纹车刀 c) 切槽刀
d) 内孔车刀 e) 内螺纹车刀 f) 内切槽刀

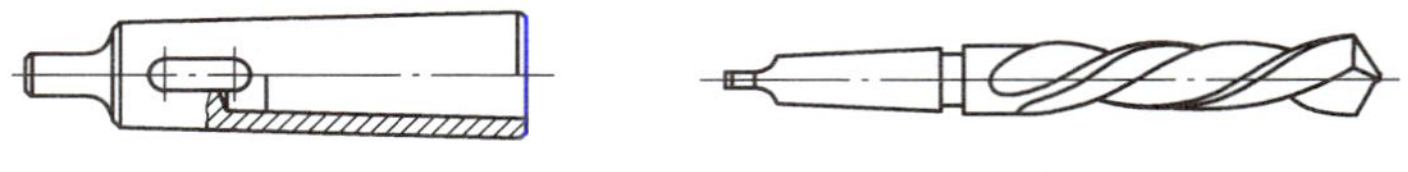

图 8-15 莫氏变径套与锥柄麻花钻
a) 莫氏变径套 b) 锥柄麻花钻

5	6	7	8	9	10	合 计
	刀具的拆装			使用变径套	现场纪律	
正确认识各种刀具	正确装夹可转位刀片	正确拆卸内、外圆车刀	正确拆卸螺纹车刀	正确使用变径套	遵守现场纪律	
15	10	10	10	10	5	100

项目九　轴向循环编程数控车削小轴

一、学习目标

- 终极目标：会轴向循环编程数控车削轴类零件。
- 促成目标

1）会直线插补编程。

2）会用 G01 倒角/倒圆编程。

3）会 G71、G70/G71 轴向车削固定循环编程。

4）会用外圆车刀、镗孔车刀轴向车削简单轴套类零件。

二、工学任务

（1）零件图样　9-0001 小轴，如图 9-1 所示，加工 1 件。

（2）任务要求

1）仿真加工或在线加工图 9-1 所示的零件，用 G71、G70/G71、G01、G01 倒角/倒圆编程，并备份正确程序和被加工零件的电子照片。

2）核对、填写"项目九过程考核卡"相关信息。

3）提交电子和纸质程序、照片以及"项目九过程考核卡"。

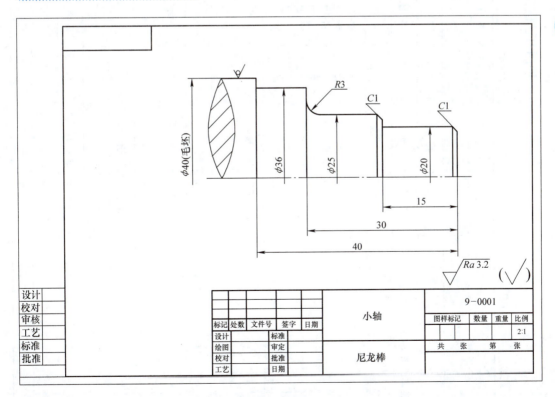

图 9-1　9-0001 小轴

项目九过程考核卡

班级_____ 班组_____ 学号_____ 姓名_____ 互评学生_____ 指导教师_____ 组长_____ 考核日期____年__月__日

考核内容	序号	项目	评分标准	配分	实操测量结果	得分	整改意见
任务： 数控车削图9-1所示的零件，用 G00、G01、G71、G70/G71 编程 备料： φ40mm×80mm 尼龙棒 备刀： 93°复合压紧式可转位外圆左手车刀（L），刀片正装 量具： 游标卡尺 0~125mm，分度值为 0.02mm	1	X向刀具长度对刀	各操作环节正确	5			
	2	Z向刀具长度对刀	各操作环节正确	5			
	3	刀位码设定	各操作环节正确	5			
	4	刀尖半径设定	各操作环节正确	5			
	5	工件坐标系设定	各操作环节正确	5			
	6	程序路径模拟或空运行	各操作环节正确	5			
	7	单程序段运行	各操作环节正确	5			
	8	程序错误查找、修正	各操作环节熟练	5			
	9	试切	各操作环节熟练	5			
	10	连续自动运行加工	各操作环节熟练	10			
	11	2处倒角C1	不倒角每处扣5分	5			
	12	倒圆角R3	不倒圆扣5分	10			
	13	工件表面粗糙度值Ra3.2μm	超一级扣5分	5			
	14	3处长度尺寸	超0.5mm扣2分	15			
	15	安全操作，量具使用与摆放	正确安全操作	5			
	16	遵守纪律	遵守现场纪律	5			
合计				100			

三、相关知识

1. 快速定位 G00

刀具以机床参数设定的快速移动速度从起点运动到终点，且刀具在移动过程中不能切削工件。因此，该指令中不需指定进给速度 F 代码，且指定无效，仅存储保留，其指令格式见表 9-1。

表 9-1 快速定位指令格式

FANUC、华中 HNC 数控系统	说　明
G00 X（U）___ Z（W）___；	X、Z 为终点的绝对坐标值，U、W 为终点的相对坐标值

刀具从起点运动到终点有两种路径，如图 9-2 所示的直线路径 1 或折线路径 2。具体是哪一种路径由机床数据设定。

如图 9-3 所示，刀具从起点快速移至终点，程序段见表 9-2。

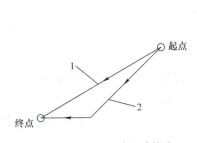

图 9-2　G00 的两种运动轨迹

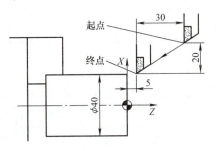

图 9-3　G00 的应用

表 9-2 G00 指令应用程序

FANUC 数控系统	华中 HNC 数控系统
G00 X40 Z5； 或 G00 U－40 W－30； 或 G00 X40 W－30； 或 G00 U－40 Z5；	G90 G00 X40 Z5； 或 G91 G00 X－40 Z－30；或 G00 U－40 W－30； 或 G90 G00 X40 W－30； 或 G90 G00 U－40 Z5；

2. 直线插补 G01

刀具以 F 代码指令的进给速度沿直线从起点移动到终点，直线插补指令格式见表 9-3。

表 9-3 直线插补指令格式

FANUC、华中 HNC 数控系统	说　明
G01 X（U）___ Z（W）___ F___；	X、Z 为终点的绝对坐标值，U、W 为终点的相对坐标值

G01 直线插补是模态指令。进给速度 F 由于是模态量，可以提前赋值，所以该编程格式中不一定要指定 F 代码，但前面一定要有 F 指令，否则机床报警。

如图 9-4 所示，刀具从点 1 至点 2 直线插补，其程序段见表 9-4。

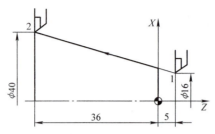

图 9-4　G01 的应用

表 9-4　G01 指令应用程序

FANUC 数控系统	华中 HNC 数控系统
G01 X40 Z-36；	G90 G01 X40 Z-36；
或 G01 U24 W-41；	G91 G01 X24 Z-41；或 G01 U24 W-41；
或 G01 X40 W-41；	或 G90 G01 X40 W-41；
或 G01 U24 Z-36；	或 G90 G01 U24 Z-36；

3. G01 倒角/倒圆编程

倒角与倒圆指令用来在两条线间插入倒角或倒圆，以简化编程，格式见表 9-5。

表 9-5　G01 倒角与倒圆指令格式

FANUC 数控系统	说　　明	华中 HNC 数控系统
G01 X__ Z__, C__；	在两直线间插入倒角。X、Z 表示倒角前两边线的交点坐标，C 表示倒边长度，如图 9-5 所示，刀具从 ①→点 2	G01 X__ Z__ C__；
G01 X__ Z__, R__；	在两直线间或在直线与圆弧间插入倒圆。X、Z 表示倒圆角前两边线的交点坐标，R 表示倒圆圆角半径，如图 9-6 所示，刀具从 ①→点 2	G01 X__ Z__ R__；

注：1. 如果其中一条边线长度不够，则自动削减倒角或倒圆大小。
　　2. 仅在同一插补平面内倒角或倒圆，不能跨插补平面进行。

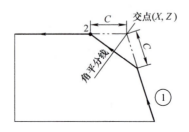

图 9-5　G01 倒角

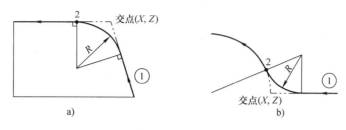

图 9-6 G01 倒圆
a) 直线—直线 b) 直线—圆弧

加工图 9-7 所示的零件轮廓 $A \sim D$，其程序见表 9-6。

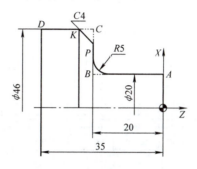

图 9-7 G01 倒角/倒圆应用

表 9-6 G01 倒角/倒圆程序

FANUC 数控系统	说　　明	华中 HNC 数控系统
G00 X20 Z5;	在 BA 延长线上给出切入距离 5mm	G90 G00 X20 Z5;
G01 Z−20, R5 F0.2;	点 B 坐标，但加工 R5mm 后刀具到达切点 P	G01 Z−20 R5 F0.2;
X46, C4;	倒角 C4 后，刀具到达点 K	X46 C4;
Z−35;	点 D	Z−35;

4. 刀具长度补偿

经常把数控车床的刀架回转中心作为测量基点，测量基点的刀具尺寸大小为零，而实际刀具是有具体尺寸的，如图 9-8 所示。刀具长度补偿就是用来补偿实际刀具和测量基点的偏差，加工前，从操作面板输入。X 向的刀具长度补偿值为直径值。图 9-9 所示为刀具补偿画面，编程时不需要知道具体补偿数据，但需要用相应的补偿号调用。刀具长度补偿的指令格式见表 9-7。

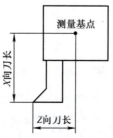

图 9-8 刀具长度

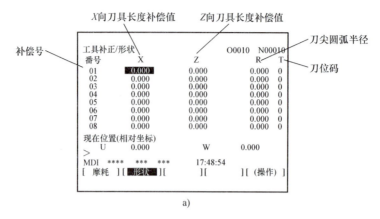

图 9-9 刀具补偿数据窗口
a) FANUC 数控系统　b) 华中 HNC 数控系统

表 9-7 刀具长度补偿指令格式

系统	FANUC、华中 HNC 数控系统
指令格式	T□□××；刀具补偿数据生效 G00/G01 X__ Z__；两个方向刀具长度补偿 … T□□00；取消刀具补偿 其中：□□——刀具号 　　　××——补偿号
说明	1) 刀具号与刀架上的刀位号相对应 2) 刀具号与补偿号不一定相同，但为了方便记忆，通常使它们一致或有提示信息，如 T0202、T0212 等

5. 刀位码

用刀位码来确定刀尖与切削进给的方向，该刀位码从操作面板的刀具补偿数据窗口输入设定，如图 9-9 所示。刀位码有 1~9 个，其中 9 是圆刀片的圆心位置，如图 9-10 所示。

图 9-10a 所示为后置刀架的刀位码,图 9-10b 所示为前置刀架的刀位码。

图 9-10a、b 两图关于 Z 轴对称。对于图 9-10a,Z 轴上方为加工外圆的刀位码,Z 轴下方为加工孔的刀位码,X 轴左侧为逆车的刀位码,X 轴右侧为顺车的刀位码,图 9-10b 正好相反。

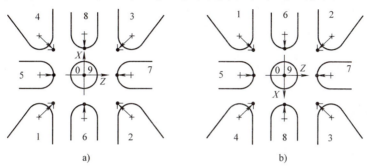

图 9-10 刀位码示意图
a) 后置刀架 b) 前置刀架
• 代表刀具刀位点 A + 代表刀尖圆弧圆心

6. 轴向车削固定循环 G71、G70/G71

轴向车削固定循环 G71、G70/G71 适合于加工阶梯直径相差较小的轴套类零件,对于卧式车床刀具竖装可有效缩短其长度,指令格式见表 9-8。

表 9-8 轴向车削固定循环 G71、G70/G71 指令格式

系统	FANUC 数控系统	华中 HNC 数控系统
粗、精车刀合用	G00 X$\underline{\alpha}$ Z$\underline{\beta}$; G71 U$\underline{\Delta d}$ R$\underline{e}$; G71 P$\underline{N_s}$ Q$\underline{N_f}$ U$\underline{\Delta u}$ W$\underline{\Delta w}$ F$\underline{f}$ S$\underline{s}$ T$\underline{t}$; $\underline{N}_s$ … $\underline{N}_f$ G70 P$\underline{N_s}$ Q$\underline{N_f}$	G00 X$\underline{\alpha}$ Z$\underline{\beta}$; G71 U$\underline{\Delta d}$ R$\underline{e}$ P$\underline{N_s}$ Q$\underline{N_f}$ X$\underline{\Delta u}$ Z$\underline{\Delta w}$ F$\underline{f}$ S$\underline{s}$ T$\underline{t}$; $\underline{N}_s$ … $\underline{N}_f$
粗、精车刀分开使用	G00 X$\underline{\alpha}$ Z$\underline{\beta}$; G71 U$\underline{\Delta d}$ R$\underline{e}$; G71 P$\underline{N_s}$ Q$\underline{N_f}$ U$\underline{\Delta u}$ W$\underline{\Delta w}$ F$\underline{f}$ S$\underline{s}$ T$\underline{t}$; $\underline{N}_s$ … $\underline{N}_f$ …(换精车刀等) G00 X$\underline{\alpha}$ Z$\underline{\beta}$; G70 P$\underline{N_s}$ Q$\underline{N_f}$;	G00 X$\underline{\alpha}$ Z$\underline{\beta}$; G71 U$\underline{\Delta d}$ R$\underline{e}$ P$\underline{N_s}$ Q$\underline{N_f}$ X$\underline{\Delta u}$ Z$\underline{\Delta w}$ F$\underline{f}$ S$\underline{s}$ T$\underline{t}$; …(换精车刀等) $\underline{N}_s$ … $\underline{N}_f$
说明	1. G71 轴向分层完成粗车,不执行 $N_s \sim N_f$ 程序段中的刀尖半径补偿,会造成精车余量不均等问题 2. G70 一层完成精车并执行 $N_s \sim N_f$ 程序段中的刀尖半径补偿	轴向分层完成粗、精车,并执行 $N_s \sim N_f$ 程序段中的刀尖半径补偿

表 9-8 中指令各参数含义解释如下:

α、β——循环起点 A 坐标(图 9-11),α 值确定切削始直径,粗车外径时,应比毛坯直径大,镗孔时,应比毛坯孔内径小;β 值为离开毛坯右端面的一个安全距离,即两个方向给出合适

的切入量。

Δd——X 向背吃刀量，半径值，无正负号。

e——X 向退刀量，半径值，无正负号。

N_s——轮廓开始程序段的段号，该程序段只能有 X 坐标，不能有 Z 坐标。该段并非工件轮廓，仅仅是刀具进入工件轮廓的导入方式，是 A 到 A' 编程轨迹，用 G00 或 G01 编程，不发生干涉碰撞时用 G00 编程。

N_f——轮廓结束程序段的段号（到 B 点程序段的段号）。

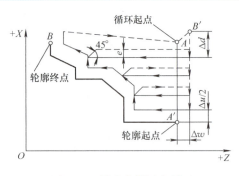

图 9-11 轴向车削固定循环

Δu——X 方向精车余量的大小和方向，带正、负号的直径值，由此决定是外圆还是孔加工，车外圆时为正，车内孔时为负。

Δw——Z 方向精车余量的大小和方向，带正、负号，为正时，表示沿着 −Z 方向加工；为负时，表示沿着 +Z 方向加工。

f，s，t——粗加工时 G71 中编程的 F、S、T 或 G71 指令前就近的 F、S、T 有效，而精加工时处于 $N_s \sim N_f$ 程序段之间的 F、S、T 有效，如果 $N_s \sim N_f$ 程序段之间无 F、S、T 时，则沿用粗加工时的 F、S、T，但 T 和 S 一般提前编程，程序清晰、可读。

动作分解如图 9-11 所示，粗车时，由起点 A 自动计算出点 B'，刀具从点 B' 开始径向吃刀一个 Δd 后，进行平行于 Z 轴的工进车削和退刀 45°、e→Z 向快速返回→X 向快速吃刀 Δd+e，由此下降第二个 Δd，如此多次循环分层车削，最后再按留有精加工余量 Δu 和 Δw 之后的形状（$N_s \sim N_f$ 程序段 A'→B 加上精加工余量 Δu 和 Δw）进行轮廓光整加工，后快速退到点 A，完成分层粗车循环。精车路径是 A→A'→B→A（$N_s \sim N_f$ 程序段），一层完成。

对于 I 型车削固定循环，$N_s \sim N_f$（A'→B）间的程序轨迹必须为 Z 轴、X 轴共同单调增大或单调减小的工件形状，而对于 II 型车削固定循环则没有这个要求，最好购置 II 型车削循环数控系统。

$N_s \sim N_f$ 程序段内不得有固定循环、参考点返回、螺纹车削指令、调用子程序指令。

【促成任务 9-1】 用后置刀架车床、T01 左手车刀（L）完成粗、精车，G71、G70/G71 指令编制图 9-12 所示零件的端面外圆车削程序。

【解】 毛坯用 ϕ40mm 棒料，刀具正装，工件坐标系设在右端面回转中心，径向精车余量 ϕ0.5mm，轴向精车余量 0.2mm，循环起点定在（X42，Z2），加工程序见表 9-9。

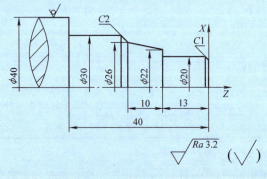

图 9-12 促成任务 9-1 零件

表 9-9 促成任务 9-1 程序

段号	FANUC 数控系统	备注	华中 HNC 数控系统
	O358；		O358；
N10	T0101；	换 T01 外圆车刀，导入 01 号存储器中的刀补数据	T0101；
N12	G54 G99 G00 X50 Z0 S800 M04；	车端面	G54 G95 G90 G00 X50 Z0 S800 M04；
N16	G01 X-1 F0.1；		G01 X-1 F0.1；
N20	G00 X42 Z2；	到达循环起点（X42，Z2）	G00 X42 Z2；
N30	G71 U1.5 R0.5； G71 P40 Q120 U0.5 W0.2 F0.2；	轴向粗车固定循环 | 轴向车削固定循环（含粗、精车）	G71 U1.5 R0.5 P40 Q120 X0.5 Z0.2 F0.2；
N40	G00 X14；	N_s 段，轨迹平行于 X 轴；14 = 20-2-2×2，倒角延长线	G00 X14；
N50	G01 X20 Z-1 F0.1；	精车 F0.1	G01 X20 Z-1 F0.1；
N60	Z-13；		Z-13；
N70	X22；		X22；
N80	X26 Z-23；		X26 Z-23；
N90	X30 Z-25；		X30 Z-25；
N100	Z-40；		Z-40；
N110	X41；		X41；
N120	G00 X42；	N_f 段	G00 X42；
N130	G70 P40 Q120；	精车固定循环	
N140	G00 X100 Z100；		G00 X100 Z100；
N150	M30；		M30；

【促成任务 9-2】 后置刀架车床，T01 外圆车刀车端面，T02、T03 镗刀分别粗、精镗孔，G71、G70/G71 指令编制图 9-13 所示零件的加工程序。

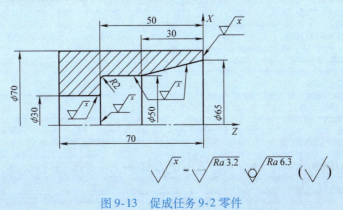

图 9-13 促成任务 9-2 零件

【解】 手动钻出 φ26mm 孔。工件坐标系在右端面中心，外圆车刀及镗刀正装，主轴反转，径向精车余量 φ0.5mm，轴向精车余量 0.1mm，循环起点定在（X24，Z2），加工程序见表 9-10。

表 9-10　促成任务 9-2 程序

段号	FANUC 数控系统	备 注	华中 HNC 数控系统
	O1009；		O1009；
N2	T0101；		T0101；
N4	G54 G99 G00 X75 Z0 S800 M04；	车平面	G54 G95 G90 G00 X75 Z0 S800 M04；
N8	G01 X24 F0.1；		G01 X24 F0.1；
N10	G00 X100 Z100；		G00 X100 Z100；
			O S800 M04；
N15	T0202；	换 T02 粗镗刀，导入 02 号存储器中的刀补数据	T0202；
N20	G00 X24 Z2 S600 M04；	到达循环起点（X24，Z2）	G00 X24 Z2 S600 M04；
N30	G71 U1 R0.5； G71 P70 Q120 U −0.5 W0.1 F0.2；	轴向粗车固定循环	轴向车削固定循环（含粗、精车）	G71 U1 R0.5 P70 Q120 X −0.5 Z0.1 F0.2；
N40		粗加工后，到换刀安全位置	G00 X100 Z100；
N50		换 3 号精镗刀	T0303；
N60		再次到达循环起点	G00 X24 Z2；
N70	G00 X66 Z2；	N_s 段，轨迹平行于 X 轴，且点（X66，Z2）在锥孔延长线上	G00 X66 Z2；
N80	G01 X50 Z −30 F0.1；		G01 X50 Z −30 F0.1；
N90	Z −50，R2；		Z −50 R2；
N100	X30；		X30；
N110	Z −71；		Z −71；
N120	G01 X24；	N_f 段	G01 X24；
N130	G00 X100 Z100；	粗加工后，到换刀安全位置	
N140	T0303；	换 3 号精镗刀	

(续)

段号	FANUC 数控系统 O1009；	备 注	华中 HNC 数控系统 O1009；
N150	G00 X24 Z2；	再次到达循环起点	
N160	G70 P70 Q120；	精车固定循环	
N170	G00 Z5；	根据具体机床确定转折点，使刀具能安全退至孔口，一般机床不需要	G00 Z5；
N180	G00 X100 Z100；		G00 X100 Z100；
N190	M30；		M30；

值得注意的是，有些数控系统刀具精加工时仅仅沿 $N_s \sim N_s$ 程序段所描述的轮廓加工，刀具并不会自动回到循环起点，实际上是系统固定循环指令不合理，因此孔加工退刀时要防止撞刀，必要时应给出转折点。

四、相关实践

完成本项目图 9-1 所示的"9-0001 小轴"的程序设计。

（1）建立工件坐标系　对于卧式车床，工件原点通常设在工件的右端面中心上，如图 9-14 所示，这样编程、对刀比较方便。

（2）确定加工方案　用 93°复合压紧式可转位外圆右偏刀（俗称左手车刀）T01，粗、精加工，刀具补偿数据存放在 01 补偿号内，刀具代码用 T0101。采用 G71、G70/G71 轴向车削固定循环编程，刀具径向进刀、轴向走刀。粗加工时，留出径向精车余量 $\phi0.4$mm（单边 0.2mm），轴向精车余量 0.2mm。加工方案如图 9-15 所示。

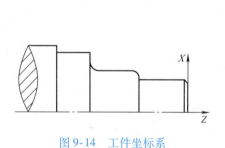

图 9-14　工件坐标系　　　　图 9-15　加工方案

（3）编制程序　完工零件不切断，加工程序见表 9-11。

表 9-11　加工程序

段号	FANUC 数控系统 O9；	备 注	华中 HNC 数控系统 O9；
N10	T0101；	换 T01 外圆车刀，导入 01 号存储器中的刀补数据	T0101；
N12	G54 G99 G00 X45 Z0 S600 M04；	车端面	G54 G95 G90 G00 X45 Z0 S600 M04；

(续)

段号	FANUC 数控系统 O9；	备注		华中 HNC 数控系统 O9；
N16	G01 X−1 F0.1；			G01 X−1 F0.1；
N20	G00 X42 Z2；	到达循环起点（X42，Z2）		G00 X42 Z2；
N30	G71 U1.5 R0.5； G71 P40 Q120 U0.4 W0.2 F0.2；	轴向粗车固定循环	轴向车削固定循环（含粗、精车）	G71 U1.5 R0.5 P40 Q120 X0.4 Z0.2 F0.2；
N40	G00 X14；	N_s 段，轨迹平行于 X 轴，且点（X14，Z2）在 $C1$ 倒角延长线上		G00 X14；
N50	G01 X20 Z−1 F0.1；			G01 X20 Z−1 F0.1；
N60	Z−15；			Z−15；
N70	X25，C1；			X25 C1；
N80	Z−30，R3；			Z−30 R3；
N90	X36；			X36；
N100	Z−40；			Z−40；
N110	X41；			X41；
N120	G00 X42；	N_f 段		G00 X42；
N130	G70 P40 Q120；	精车固定循环		
N140	G00 X100 Z80；			G00 X100 Z80；
N150	M30；			M30；

本项目中的例题由于未使用刀尖半径补偿，故锥面及圆弧会有些许误差。刀尖半径补偿在后续项目十一中介绍。

思考与练习题

一、填空题

1. G00 指令刀具从起点运动到终点可能有两种路径，即（　　）路径或（　　）路径。
2. 在 G71 固定循环中，顺序号 N_s 程序段必须沿（　　）向进刀，且不能出现（　　）坐标。
3. G71 指令和程序段段号 $N_s \sim N_f$ 中同时指定了 F 和 S 值时，则粗加工循环过程中，（　　）中指定的 F 和 S 值有效。

二、问答题

1. 刀具长度补偿的实质是将机床测量基点移到刀位点，使编程时再不要考虑具体刀具长度对编程的影响，那么刀具长度补偿值一定是刀具的实际长度吗？请说出刀具的实际长度、刀具的长度补偿值、工件的大小三者间的关系。
2. 固定循环有什么作用？
3. 车削固定循环指令中能不能进行子程序调用？

三、综合题

1. 设 G54 的零点偏置值（Z，X）=（200，0），在后置刀架车床上执行表 9-12 所示程序，请画出编程轨迹。

表 9-12 综合题 1 程序

段号	FANUC 数控系统	华中 HNC 数控系统
	O1101;	O1101;
N10	T0202;	T0202;
N20	G54 G99 G00 X20 Z2 S800 M04 F0.1;	G54 G95 G90 G00 X20 Z2 S800 M04 F0.1;
N30	G01 Z-20;	G01 Z-20;
N40	X35, C3;	X35 C3;
N50	Z-40, R5;	Z-40 R5;
N60	X50;	X50;
N70	Z-50;	Z-50;
N80	X60 Z-55;	X60 Z-55;
N90	Z-65;	Z-65;
N100	X70, R4;	X70 R4;
N110	Z-80;	Z-80;
N120	X80;	X80;
N130	G00 X100 Z50;	G00 X100 Z50;
N140	M30;	M30;

2. 编程、数控仿真加工或在线加工图 9-16、图 9-17 所示零件。

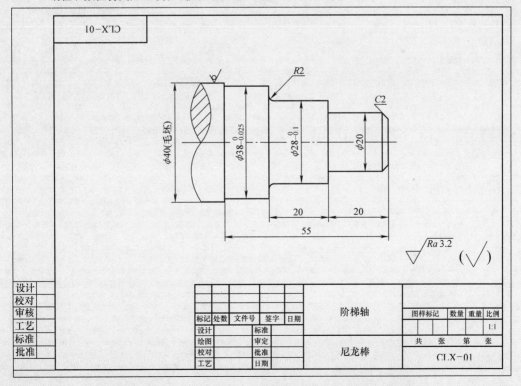

图 9-16 CLX-01 阶梯轴

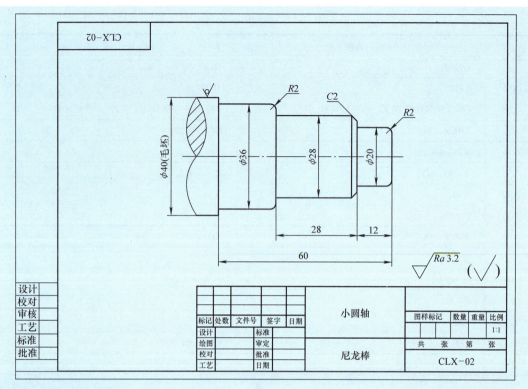

图 9-17 CLX-02 小圆轴

项目十 端面循环编程数控车削圆盘

一、学习目标

- 终极目标：会端面循环编程数控车削盘类零件。
- 促成目标

1) 会 G02、G03 圆弧插补编程。

2) 会 G72、G70/G72 端面车削固定循环编程。

3) 会端面数控车削盘类零件。

二、工学任务

（1）零件图样 10-01 圆盘如图 10-1 所示。

（2）任务要求

1) 仿真加工或在线加工图 10-1 所示的零件，用 G02、G03、G72、G70 编程并备份正确程序和被加工零件电子照片。

2) 核对、填写"项目十过程考核卡"相关信息。

3) 提交电子和纸质程序、照片以及"项目十过程考核卡"。

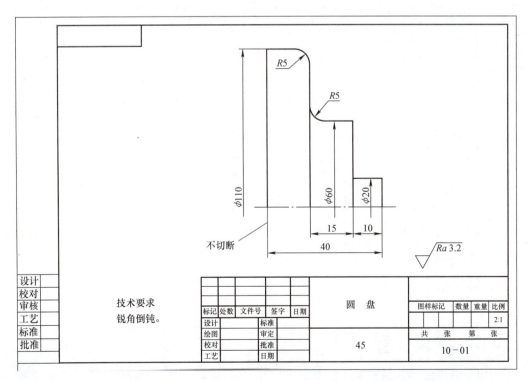

图 10-1 10-01 圆盘

项目十过程考核卡

班级_____ 班组_____ 学号_____ 姓名_____ 互评学生_____ 指导教师_____ 组长_____ 考核日期____年____月____日

考核内容	序号	评 分 表 项目	评分标准	配分	实操测量结果	得分	整改意见
任务： 数控车削图 10-1 所示的零件 备料： φ115mm×65mm 45 钢棒料 1 根 备刀： 93°复合压紧式可转位右手车刀（R），刀柄横置 量具： 游标卡尺 0~125mm，分度值为 0.02mm 半径样规 R5mm	1	轮廓形状	错一处扣 5 分	15			
	2	φ110mm	超差 0.3mm 扣 5 分	10			
	3	φ60mm	超差 0.3mm 扣 5 分	10			
	4	φ20mm	超差 0.2mm 扣 5 分	10			
	5	R5mm（2 处）	超差 0.1mm 扣 5 分	10			
	6	10mm	超差 0.2mm 扣 5 分	10			
	7	15mm	超差 0.2mm 扣 5 分	10			
	8	40mm	超差 0.3mm 扣 5 分	10			
	9	安全操作、量具使用	正确、安全操作	5			
	10	机床保养	机床维护保养不合格不得分	5			
	11	遵守纪律	遵守现场纪律				
合计				100			

三、相关知识

1. 插补平面选择 G17～G19

圆弧插补只能在选定的平面内以给定的进给速度（F 指令指定）两轴联动加工。G17 选择 XY 平面；G18 选择 ZX 平面；G19 选择 YZ 平面。车床一般在 ZX 平面（G18）内加工。

2. 圆弧插补 G02、G03

G02 是顺时针圆弧插补，G03 是逆时针圆弧插补。顺、逆圆弧插补方向与平面选择的关系如下：逆着插补平面的法线方向看插补平面，刀具沿顺时针方向做圆弧运动是 G02，刀具沿逆时针方向做圆弧运动是 G03，如图 10-2 所示。如果站在插补平面的反面看，G02 与 G03 的方向正好与图 10-2 所示相反，刀架前置式数控车床就是如此，这点必须引起高度重视。

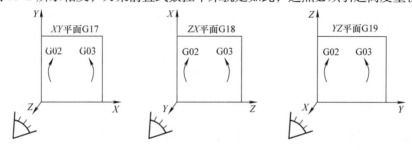

图 10-2 圆弧插补方向与平面选择的关系

如图 10-3 所示，后置刀架在 ZX 平面的正面进行圆弧插补，其方向符合常规情况；而前置刀架在 ZX 平面的背面进行圆弧插补，故 G02、G03 的方向恰好与常规方向相反。后置刀架程序的通用性好，我们以后置刀架编程为主。如果是前置刀架机床，一般只要将后置刀架程序的 M04 改为 M03，并更换左右偏刀后，程序即可通用，再不需要考虑 G02/G03、G41/G42 等的反向问题了。

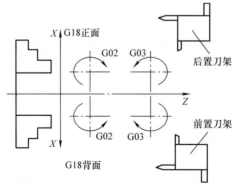

图 10-3 圆弧顺逆与刀架的关系

（1）用圆弧半径编程 两轴联动数控车床基本上是在 ZX 平面内插补圆弧，其格式见表 10-1。

表 10-1 圆弧半径编程指令格式

FANUC、华中 HNC 数控系统	说　　明
G18 {G02 / G03} X(U)＿ Z(W)＿ R＿ F＿;	R 为圆弧半径 X、Z 为圆弧终点的绝对坐标值，U、W 为圆弧终点的相对坐标值

圆弧半径有正负之分。如图 10-4 所示，当 0 < 圆弧所对应的圆心角 α < 180°时，圆弧半径 R 取正值，+号省略不写；当 180°≤圆心角 α < 360°时，圆弧半径 R 取负值；圆心角 α = 360°，即整圆时，不能用圆弧半径 R 编程，车床上也不可能加工整圆。进给速度（F 指令指定的）是模态量，可以提前赋值，不一定要在上述格式中出现。

（2）用插补参数编程 圆弧插补参数编程指令格式见表 10-2。

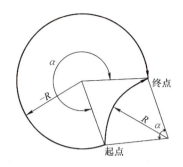

图 10-4 圆弧半径的正负

表 10-2 圆弧插补参数编程指令格式

FANUC、华中 HNC 数控系统	说　　明
G18 {G02 / G03} X（U）＿ Z（W）＿ I＿ K＿ F＿；	I、K 为圆弧插补参数 X、Z 为圆弧终点的绝对坐标值，U、W 为圆弧终点的相对坐标值

插补参数 I、K 分别是圆弧起点到圆心的矢量在 X、Z 方向的分量，即插补参数等于圆心坐标减去起点坐标，即 $I = X_{圆心} - X_{起点}$，$K = Z_{圆心} - Z_{起点}$，与绝对或增量编程无关，如图 10-5 所示。当 I、K 的方向与坐标轴正方向相同时为正值，与坐标轴正方向相反时为负值；参数 I、K 为零时，可以省略不写。用插补参数可以编制任意大小的圆弧插补程序，包括整圆，不过由于整圆的终点与起点重合，编制程序时终点坐标不必书写，只写 I、K 即可。

加工图 10-6 所示的 AB 圆弧，用 G02 编程，其程序段见表 10-3。

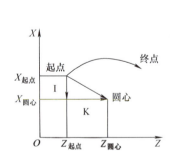

图 10-5 插补参数 I、K

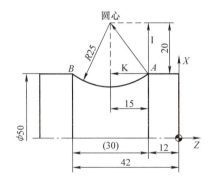

图 10-6 G02 编程图

表 10-3 AB 圆弧加工程序段

系统	FANUC 数控系统	华中 HNC 数控系统
圆弧半径编程	G02 X50 Z -42 R25 F0.2； 或 G02 U0 W -30 R25 F0.2；	G90 G02 X50 Z -42 R25 F0.2； 或 G91 G02 X0 Z -30 R25 F0.2； 或 G02 U0 W -30 R25 F0.2；

(续)

系统	FANUC 数控系统	华中 HNC 数控系统
插补参数编程	G02 X50 Z-42 I20 K-15 F0.2; 或 G02 U0 W-30 I20 K-15 F0.2;	G90 G02 X50 Z-42 I20 K-15 F0.2; 或 G91 G02 X0 Z-30 I20 K-15 F0.2; 或 G02 U0 W-30 I20 K-15 F0.2;

加工图 10-7 所示 CD 圆弧，用 G03 编程，其程序段见表 10-4。

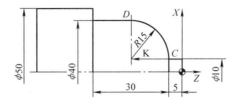

图 10-7　G03 编程图

表 10-4　CD 圆弧加工程序段

系统	FANUC 数控系统	华中 HNC 数控系统
圆弧半径编程	G03 X40 Z-20 R15 F0.2; 或 G03 U30 W-15 R15 F0.2;	G90 G03 X40 Z-20 R15 F0.2; 或 G91 G03 X30 Z-15 R15 F0.2; 或 G03 U30 W-15 R15 F0.2;
插补参数编程	G03 X40 Z-20 I0 K-15 F0.2; 或 G03 U30 W-15 I0 K-15 F0.2;	G90 G03 X40 Z-20 I0 K-15 F0.2; 或 G91 G03 X30 Z-15 I0 K-15 F0.2; 或 G03 U30 W-15 I0 K-15 F0.2;

3. 端面车削固定循环 G72、G70/G72

端面车削固定循环 G72、G70/G72 适合于加工阶梯直径相差较大的孔盘类零件，对于卧式车床刀具横装可有效缩短其长度，提高刀具刚性，其指令格式见表 10-5。

表 10-5　端面车削固定循环 G72、G70/G72 指令格式

系统	FANUC 数控系统	华中 HNC 数控系统
粗、精车刀合用	G00 Xα Zβ; G72 W$\underline{d}$ R$\underline{e}$; G72 P$\underline{N}_s$ Q$\underline{N}_f$ U$\underline{u}$ W$\underline{w}$ F$\underline{f}$ S$\underline{s}$ T$\underline{t}$; $\underline{N}_s$ … $\underline{N}_f$ G70 P$\underline{N}_s$ Q$\underline{N}_f$;	G00 Xα Zβ; G72 W$\underline{d}$ R$\underline{e}$ P$\underline{N}_s$ Q$\underline{N}_f$ X$\underline{u}$ Z$\underline{w}$ F$\underline{f}$ S$\underline{s}$ T$\underline{t}$; N_s … N_f
粗、精车刀分开使用	G00 Xα Zβ; G72 W$\underline{d}$ R$\underline{e}$; G72 P$\underline{N}_s$ Q$\underline{N}_f$ U$\underline{u}$ W$\underline{w}$ F$\underline{f}$ S$\underline{s}$ T$\underline{t}$; $\underline{N}_s$ … $\underline{N}_f$ …（换精车刀等） G00 Xα Zβ; G70 P$\underline{N}_s$ Q$\underline{N}_f$;	G00 Xα Zβ; G72 W$\underline{d}$ R$\underline{e}$ P$\underline{N}_s$ Q$\underline{N}_f$ X$\underline{u}$ Z$\underline{w}$ F$\underline{f}$ S$\underline{s}$ T$\underline{t}$; …（换精车刀等） N_s … N_f

(续)

系统	FANUC 数控系统	华中 HNC 数控系统
说明	1. G72 端面分层完成粗车，不执行 $N_s \sim N_f$ 程序段中的刀尖半径补偿，会造成精加工余量不均等问题 2. G70 一层完成精车并执行 $N_s \sim N_f$ 程序段中的刀尖半径补偿	端面分层完成粗、精车，并执行 $N_s \sim N_f$ 程序段中的刀尖半径补偿

表 10-5 中程序指令各字母含义如下：

Δd——Z 向分层粗车的背吃刀量，无正负号。

e——Z 向退刀量，无正负号。

N_s——轮廓开始程序段的段号，AA' 编程轨迹，A' 点坐标。该段程序只能有 Z 坐标，不能有 X 坐标，即轨迹 $A \to A'$ 平行于 Z 轴。

其他含义同 G71。

端面车削动作分解如图 10-8 所示，进行平行于 X 轴的分层粗车、一层精车，轮廓路径为 $A' \to B$（$N_s \sim N_f$ 程序段），动作过程在 X 向类似于 G71，其他注意事项同样类似于 G71。

【促成任务 10-1】 用后置刀架车床、右手车刀（R），刀柄横置正装，用 G72、G70/G72 指令编写图 10-9 所示零件的车削程序。

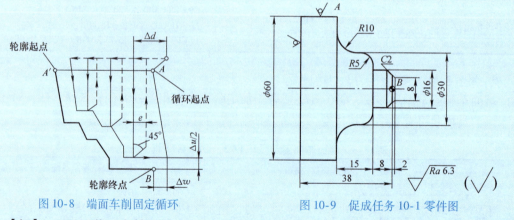

图 10-8 端面车削固定循环　　图 10-9 促成任务 10-1 零件图

【解】 刀具正装，主轴反转，工件坐标系在右端面，径向精车余量 $\phi 1mm$，轴向精车余量 0.5mm，循环起点定在（X62，Z2），其加工程序见表 10-6。

表 10-6 促成任务 10-1 程序

段号	FANUC 数控系统	备注	华中 HNC 数控系统
	O360；		O360；
N10	T0101；	换 T01 外圆车刀，导入 01 号存储器中的刀补数据	T0101；
N12	G54 G99 G00 X65 Z0 S500 M04；	车端面	G54 G95 G90 G00 X65 Z0 S500 M04；
N16	G01 X-1 F0.1；		G01 X-1 F0.1；
N20	G00 X62 Z2；	到达循环起点（X62，Z2）	G00 X62 Z2；

(续)

段号	FANUC 数控系统 O360;	备注		华中 HNC 数控系统 O360;
N30	G72 W2 R0.5; G72 P40 Q110 U1 W0.5 F0.2;	端面粗车固定循环	端面车削固定循环（含粗、精车）	G72 W2 R0.5 P40 Q110 X1 Z0.5 F0.2;
N40	G00 Z-23;	N_s 段		G00 Z-23;
N50	G01 X50 F0.1;			G01 X50 F0.1;
N60	G03 X30 Z-13 R10;			G03 X30 Z-13 R10;
N70	G02 X20 Z-8 R5;			G02 X20 Z-8 R5;
N80	G01 X16;			G01 X16;
N90	Z-2;			Z-2;
N100	X8 Z2;	倒角的延长线		X8 Z2;
N110	G00 Z3;	N_f 段		G00 Z3;
N120	G70 P40 Q110;	精车固定循环		
N130	G00 X100 Z50;	到安全位置		G00 X100 Z50;
N140	M30;	程序结束		M30;

四、相关实践

完成本项目图 10-1 所示 10-01 圆盘零件的程序设计。

（1）建立工件坐标系　工件坐标系原点选在工件的右端面回转中心上，如图 10-10 所示。

（2）确定加工方案　用 93°复合压紧式可转位外圆右手车刀（R）T01 粗、精加工，刀柄横置，刀具补偿数据存放在 01 补偿号内，刀具代码用 T0101。采用 G72、G70/G72 端面车削固定循环编程，刀具轴向进刀、径向走刀，粗加工时，留出径向精车余量 φ1mm（单边 0.5mm），轴向精车余量 0.2mm，如图 10-11 所示。

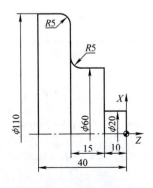

图 10-10　工件坐标系

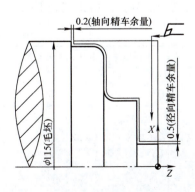

图 10-11　加工方案

(3) 编制程序 完工零件不切断，加工程序见表10-7。

表 10-7　加工程序

段号	FANUC 数控系统 O360；	备注		华中 HNC 数控系统 O360；
N10	T0101；	换 T1 外圆车刀，导入 01 号存储器中的刀补数据		T0101；
N12	G54 G99 G00 X120 Z0 S500 M04；	车端面		G54 G95 G90 G00 X120 Z0 S500 M04；
N16	G01 X-1 F0.1；			G01 X-1 F0.1；
N20	G00 X117 Z2；	到达循环起点（X117, Z2）		G00 X117 Z2；
N30	G72 W2 R0.5；	端面粗车固定循环	端面车削固定循环（含粗、精车）	G72 W2 R0.5 P40 Q130 X1 Z0.2 F0.2；
	G72 P40 Q130 U1 W0.2 F0.2；			
N40	G00 Z-40；	N_s 段		G00 Z-40；
N50	G01 X110 F0.1；			G01 X110 F0.1；
N60	Z-30；			Z-30；
N70	G02 X100 Z-25 R5；			G02 X100 Z-25 R5；
N80	G01 X70；			G01 X70；
N90	G03 X60 Z-20 R5；			G03 X60 Z-20 R5；
N100	G01 Z-10；			G01 Z-10；
N110	X20；			X20；
N120	Z1；			Z1；
N130	G00 Z2；	N_f 段		G00 Z2；
N140	G70 P40 Q130；	精车固定循环		
N150	G00 X100 Z100；	到安全位置		G00 X100 Z100；
N160	M30；	程序结束		M30；

五、拓展知识

参考点编程 G28

返回参考点编程具体格式见表10-8。

表 10-8　参考点编程

功　能	FANUC、华中 HNC 数控系统	说　明
返回参考点	G28 X（U）__ Z（W）__；	G28 指令刀具经中间点自动返回到参考点，如图10-12所示。X（U）、Z（W）表示中间点在工件坐标系中的坐标值，参考点由机床存储，用 G28 前应先取消刀补。G28 程序段能记忆中间点的坐标值，直至被新的 G28 中对应的坐标值替换为止 G28 常用相对尺寸编程，用于换刀、卸工件前，防止碰撞，慎用绝对尺寸编程

项目十 端面循环编程数控车削圆盘

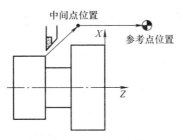

图 10-12 G28 返回参考点

思考与练习题

一、填空题
1. 圆弧插补参数 I =（   ）、J =（   ）、K =（   ），它们可编制任意大小的圆弧程序。
2. 在 G72 固定循环中，顺序号 N_s 程序段必须沿（   ）向进刀，且不能出现（   ）坐标。

二、问答题
1. 圆弧插补 G02、G03 的方向、圆弧半径 R 的正、负如何规定的？整圆能用半径编程吗？
2. G72 与 G71 指令有何不同？如何应用？
3. 为什么常用"G28 U0 W0;"形式编程？

三、综合题
1. 用后置刀架车床车削一个 ZX 平面上的圆弧时，圆弧起点在（X40，Z0），终点在（X40，Z－30），半径为 25mm，圆弧起点到终点的旋转方向为逆时针，分别用圆弧半径和插补参数编程。
2. 编程、仿真加工或在线加工图 10-13、图 10-14 所示的零件。

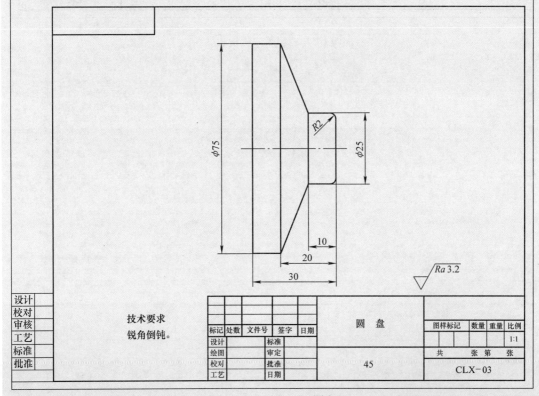

图 10-13 CLX－03 圆盘

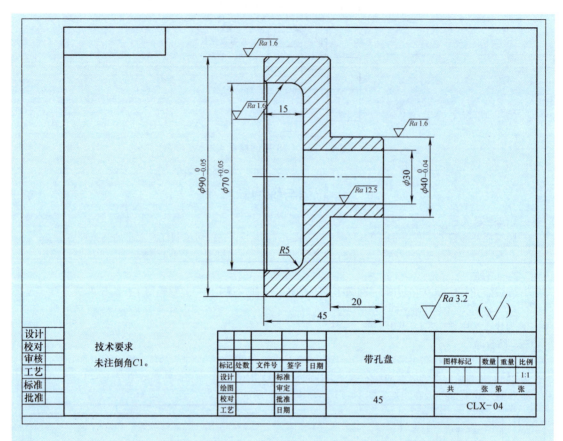

图 10-14　CLX-04 带孔盘

项目十一　轮廓循环编程数控车削葫芦轴

一、学习目标

● 终极目标：会轮廓循环编程数控车削曲面类零件。

● 促成目标

1）会刀尖圆弧半径补偿 G40~G42 编程。

2）会 G73、G70/G73 轮廓车削固定循环编程。

3）会确定固定循环的起始位置。

二、工学任务

（1）零件图样　11-01 葫芦轴如图 11-1 所示。

（2）任务要求

1）仿真加工或在线加工图 11-1 所示的零件，用轮廓车削固定循环编程并备份正确程序和被加工零件的电子照片。

2）核对、填写"项目十一过程考核卡"相关信息。

3）提交电子和纸质程序、照片以及"项目十一 过程考核卡"。

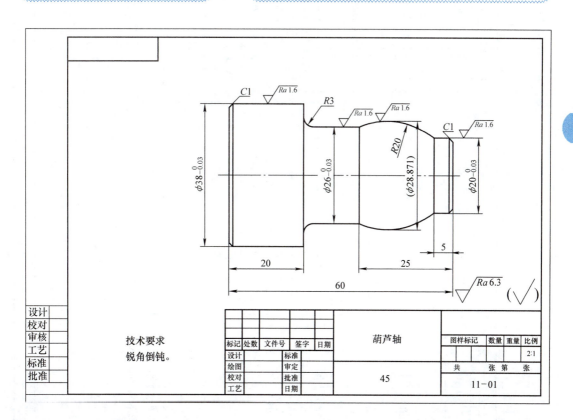

图 11-1　葫芦轴

项目十一过程考核卡

班级_____ 班组_____ 姓名_____ 学号_____ 互评学生_____ 指导教师_____ 组长_____ 考核日期___年___月___日

评 分 表

考核内容	序号	项目	评分标准	配分	实操测量结果	得分	整改意见
任务：数控车削图 11-1 所示的零件 备料：φ40×63mm 45钢棒料 1 根 备刀：T01 93°左手外圆车刀(L) 量具：游标卡尺 0～125mm，分度值为 0.02mm 千分尺 0～25mm 千分尺 25～50mm 半径样规 R3mm，R20mm	1	轮廓外形	错一处扣 5 分	15			
	2	φ38$_{-0.03}^{\;0}$mm、φ26$_{-0.03}^{\;0}$mm、φ20$_{-0.03}^{\;0}$mm	一处超差 0.02mm 扣 5 分，扣完为止	15			
	3	半径 R20mm	超差 0.5mm，5 分全扣	5			
	4	所有轴向尺寸	一处超差 0.5mm 扣 5 分，扣完为止	20			
	5	右侧倒角 C1	不倒角，5 分全扣	5			
	6	左侧倒角 C1	不倒角，5 分全扣	5			
	7	Ra1.6μm	一处超差一级扣 5 分	20			
	8	安全操作、规范使用量具	正确、安全操作	5			
	9	机床保养	机床维护保养不达要求不得分	5			
	10	遵守纪律	遵守现场纪律	5			
合 计				100			

三、相关知识

1. 刀具半径补偿 G40～G42

在车床上，刀具半径补偿又称刀尖圆弧半径补偿，简称刀尖半径补偿。

为了提高刀尖强度，通常将可转位刀片刀尖制成圆弧形状，如图 11-2 所示。点 C 是理论刀尖点，若不用刀具半径补偿功能 G41/G42，则数控系统控制点 C 沿编程轨迹运动。试切对刀时，点 A 切工件外圆柱面，测量该刀具的 X 向尺寸；点 B 切工件端面，测量该刀具的 Z 向尺寸。点 A、B 分别是两个方向的刀位点。

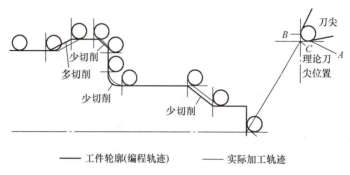

图 11-2　刀尖圆弧与多切削和少切削现象

在加工内、外圆柱面或端面时，切削点就是刀位点 A 或 B，而点 A 或点 B 与数控系统控制的理论刀尖点 C 在同一圆柱面上或同一端面上，刀尖圆弧 R 不影响加工尺寸、形状；但在加工锥面或圆弧时，由于切削点不再是点 A 或点 B 而变成了 AB 圆弧段内的某一点，刀具实际长度发生了变化，与理论刀尖点 C 的切削结果不同，就会造成多切削或少切削（图 11-2），用刀具半径补偿功能 G41、G42 能消除这种误差。正因如此，必须指出到目前为止，项目十、项目十一中所有锥面、球面的加工一律不会合格。

刀具半径补偿分为建立、执行和取消三个过程。FANUC、华中 HNC 数控系统指令格式相同。

（1）刀具半径补偿的建立

指令格式 $\begin{Bmatrix} G41 \\ G42 \end{Bmatrix} \begin{Bmatrix} G00 \\ G01 \end{Bmatrix}$ X__ Z__ ；

G41 为左偏刀具半径补偿，简称左刀补；G42 为右偏刀具半径补偿，简称右刀补。左、右刀补的偏置方向是这样规定的：逆着插补平面的法线方向看插补平面，沿着刀具前进方向，刀具在工件的左侧为左刀补 G41，刀具在工件的右侧为右刀补 G42，如图 11-3 所示。前置刀架与此正好相反。

刀具半径补偿的建立是一个逐渐由零偏置到刀具半径补偿值的偏移过程，必须与运动指令连用。机床执行完刀具半径补偿建立的程序段后，在紧接着的下一程序段起点处的编程轨迹的法线方向上，刀尖圆弧中心偏离编程轨迹一个刀具半径补偿值的距离，如图 11-4 所示。

（2）刀具半径补偿的执行　刀具半径补偿建立之后，刀具中心始终在编程轨迹的法线方向上偏离一个刀具半径补偿值的距离，形成刀具中心轨迹，加工出工件轮廓。刀具中心轨迹可以简单理解为是编程轨迹的等距线。

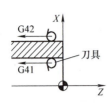 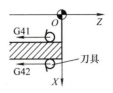

图 11-3 刀具半径补偿偏置方向

a) 后置刀架，+Y 向外 b) 前置刀架，+Y 向内

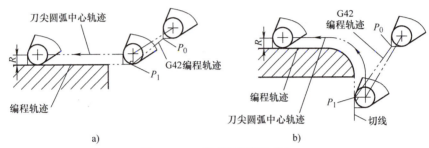

图 11-4 刀具半径补偿的建立

a) 直线到直线 b) 圆弧到直线

P_0—刀尖半径补偿建立起点 P_1—刀尖半径补偿建立终点 R—刀尖圆弧半径

(3) 刀具半径补偿的取消

指令格式 G40 $\begin{Bmatrix} G00 \\ G01 \end{Bmatrix}$ X__ Z__；

刀具半径补偿取消是建立的逆过程。刀具执行完取消刀具半径补偿程序段后，理论刀尖点与编程轨迹重合，如图 11-5 所示。

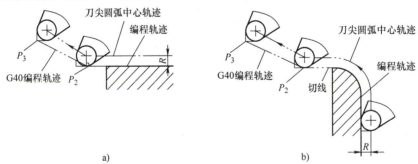

图 11-5 刀具半径补偿的取消

a) 直线到直线 b) 圆弧到直线

P_2—刀尖半径补偿取消起点 P_3—刀尖半径补偿取消终点 R—刀尖圆弧半径

使用 G41、G42、G40 指令时应注意下列几点：

1) 建立/取消刀补的程序段 G41、G42、G40 指令必须和 G00 或 G01 指令一起使用，而不能与 G02 或 G03 指令一起使用。

2) 刀尖半径补偿必须在轮廓加工之前建立，在轮廓结束后取消，以防出现误切或接刀痕迹而损坏工件。

3）建立或取消刀尖半径补偿的移动距离应大于刀尖半径补偿值，并走斜线，让两轴均充分补偿到位。

4）实际刀尖半径及刀尖半径补偿值均要小于等于工件轮廓内圆弧半径，包括工艺路径上的内圆弧。

5）刀尖半径补偿建立之后，最好不要在连续两个或两个以上的程序段内都不写插补平面内的坐标字，否则可能会发生程序错误报警或误切。

6）在刀补执行过程中，G41 和 G42 最好不要相互变换，若要变换，可先取消掉，再重新建立。

需特别说明的是，按照标准规定，尽管前置刀架和后置刀架机床的圆弧插补平面（刀具半径补偿平面）正好相反，G02、G03、G41、G42 指令也应正好相反，但是为了同一程序既能适用于前置刀架也能适用于后置刀架两种机床，建议有的机床生产厂家在控制内部将前置刀架关于 Z 轴镜像后，仍按后置刀架机床编程。但刀位码、刀具的左偏右偏保持与机床匹配，不能改变，主轴转向正好相反。

2. 轮廓车削固定循环 G73、G70/G73

轮廓车削固定循环 G73、G70/G73 初衷是不要求工件轮廓成单向增加或减小，轮廓方向由编程的 N_s、N_f 次序决定，适用于车削锻件、铸件等毛坯轮廓形状与工件轮廓形状基本接近的工件，也用来车棒料毛坯、轮廓凹凸不平的工件，指令格式见表 11-1。但车削凹凸非单向性轮廓功能的 G73/G70 到目前为止不得已用球刀加工时，刀位码 9 尚无法正确使用，造成 G73 不能正常加工，即使轮廓中编写刀补功能 G41/G42，照样会发生多切或少切现象，这务必引起高度重视。

表 11-1 轮廓车削固定循环 G73、G70/G73 指令格式

系统	FANUC 数控系统	华中 HNC 数控系统
粗、精车刀合用	G00 Xα Zβ; G73 Ui Wk Rd; G73 PN_s QN_f UΔu WΔw Ff Ss Tt; N_s … N_f … G70 PN_s QN_f;	G00 Xα Zβ; G73 Ui Wk Rd PN_s QN_f XΔu ZΔw Ff Ss Tt; N_s … N_f
粗、精车刀分开使用	G00 Xα Zβ; G73 Ui Wk Rd; G73 PN_s QN_f UΔu WΔw Ff Ss Tt; N_s … N_f …（换精车刀等） G00 Xα Zβ; G70 PN_s QN_f;	G00 Xα Zβ; G73 Ui Wk Rd PN_s QN_f XΔu ZΔw Ff Ss Tt; …（换精车刀等） N_s … N_f
说明	1. G73 轮廓分层完成粗车，不执行 N_s～N_f 程序段中的刀尖半径补偿，会造成精车余量不均匀等问题 2. G70 一层完成精车并执行 N_s～N_f 程序段中的刀尖半径补偿，但目前为止，数控系统本身尚不能正常使用	轮廓分层完成粗、精车，并执行 N_s～N_f 程序段中的刀尖半径补偿

表 11-1 中指令的各参数含义如下：

i——X 方向第一层粗车后剩余的粗车余量，半径值，即等于 X 轴第一层车削后的半径减去工件实际轮廓中的最小半径（对于孔，为工件实际轮廓的最大半径）。i 有正负之分，为正时，向 $+X$ 向退刀，为负时，向 $-X$ 向退刀，图 11-6 中 i 为正。

k——Z 方向粗车余量。k 有正、负之分，向 $+Z$ 向退刀时为正，向 $-Z$ 向退刀时为负，图 11-6 中 k 为正。k 和 Δw 尽量给的小些，防止粗车时，工件轮廓轴向窜动过大造成加工余量不足的严重问题。

d——分层粗车次数。

$N_s \sim N_f$ 程序段中可有 X、Z 两个坐标，其余各地址的含义同前。应该说明，对于盘类零件，$N_s \sim N_f$ 程序段路径应反向，i、k 的确定方法请读者推理完成。

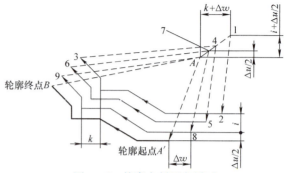

图 11-6 轮廓车削固定循环

轮廓车削动作分解如图 11-6 所示，由程序给定的循环起点 A 自动计算到点 1，刀具从点 1→2→3→4→5→6→7→8→9→A 分层粗车，留精加工余量 Δu、Δw，精车路径 $A \to A' \to B \to A$ 一层完成。

【促成任务 11-1】 采用后置刀架车床、左手车刀（L）加工，零件毛坯余量外圆为 $\phi 4mm$、端面为 $2mm$。用 G73、G70/G73 指令编制图 11-7 所示零件的车削程序。

【解】 刀具正装，主轴反转，工件坐标系在右端面中心，径向精车余量 $\phi 0.6mm$，轴向精车余量 $0.2mm$，循环起点定在（X44，Z2），加工程序见表 11-2。

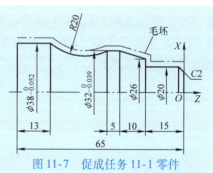

图 11-7 促成任务 11-1 零件

表 11-2 促成任务 11-1 程序

段号	FANUC 数控系统	备 注		华中 HNC 数控系统
	O362；			O362；
N10	T0303；	换 T03 外圆车刀，导入 03 号存储器中的刀补数据		T0303；
N12	G54 G99 G00 X50 Z0 S600 M04；	车端面		G54 G95 G90 G00 X50 Z0 S600 M04；
N16	G01 X-1 F0.1；			G01 X-1 F0.1；
N20	G00 X44 Z2；	到达循环起点（X44，Z2）		G00 X44 Z2；
N30	G73 U7 W2 R4；	$u=(38+4-20-4)/2=9$，第一刀车去 2mm（单边），$u=7$		G73 U7 W2 R4 P50 Q130 X0.6 Z0.2 F0.2；
N40	G73 P50 Q130 U0.6 W0.2 F0.2；	轮廓粗车固定循环	轮廓车削固定循环（含粗、精车）	
N50	G00 G42 X12；	N_s 段，点（X12，Z2）在倒角延长线上		G00 G42 X12；

项目十一 轮廓循环编程数控车削葫芦轴

(续)

段号	FANUC 数控系统 O362；	备 注	华中 HNC 数控系统 O362；
N60	G01 X20 Z-2 F0.15；		G01 X20 Z-2 F0.15；
N70	Z-15；		Z-15；
N80	X26；		X26；
N90	X32 Z-25；		X32 Z-25；
N100	Z-30；		Z-30；
N110	G02 X38 Z-52 R20；		G02 X38 Z-52 R20；
N120	G01 Z-70；	Z 向多车 5mm，以备切断	G01 Z-70；
N130	G01 G40 X44；	N_f 段	G01 G40 X44；
N140	G70 P50 Q130；	精车固定循环	
N150	G00 X100 Z50；	到安全位置	G00 X100 Z50；
N160	M30；	程序结束	M30；

四、相关实践

完成本项目图 11-1 所示零件的程序设计。

1. 确定加工方案

1) 夹工件右端，车左端面，车左端外轮廓至 $\phi 38_{-0.03}^{0}$ mm，长度大于 35mm，以便调头装夹后找正外圆，如图 11-8a 所示。

2) 调头，夹工件左端外圆 $\phi 38_{-0.03}^{0}$ mm（需包铜皮），找正，车右端面，控制总长 60mm，车右端外轮廓达图样要求，如图 11-8b 所示。

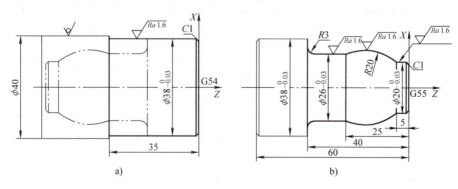

图 11-8 加工方案

2. 编制程序

（1）左端加工程序　左端加工程序见表 11-3。

表 11-3 加工图 11-1 所示工件左端程序

段号	FANUC 数控系统 O1101；	备 注	华中 HNC 数控系统 O1101；
N10	T0101；	换 T01 号外圆车刀，导入 01 号存储器中的刀补数据	T0101；
N12	G54 G99 G00 X45 Z0 S600 M04；		G54 G95 G90 G00 X45 Z0 S600 M04；
N16	G01 X-1 F0.1；		G01 X-1 F0.1；
N18	G00 X38.5 Z5；	径向留 ϕ0.5mm 精车余量	G00 X38.5 Z5；
N20	G01 Z-35 F0.2；		G01 Z-35 F0.2；
N25	X42；		X42；
N30	G00 Z5；		G00 Z5；
N35	G00 X32 Z2 S800 M04 F0.1；	从 C1 倒角延长线切入	G00 X32 Z2 S800 M04 F0.1；
N40	G01 X38 Z-1；		G01 X38 Z-1；
N45	Z-35；		Z-35；
N50	X42；		X42；
N55	G00 X100 Z50；	刀具退出	G00 X100 Z50；
N60	M30；		M30；

（2）右端加工程序 右端加工程序见表 11-4。

表 11-4 加工图 11-1 所示工件右端程序

段号	FANUC 数控系统 O1102；	备 注		华中 HNC 数控系统 O1102；
N10	T0110；	换 T01 外圆车刀，导入 10 号存储器中的刀补数据（同一把刀，Z 向刀补值不同）		T0110；
N12	G55 G99 G00 X45 Z0 S800 M04；			G55 G95 G90 G00 X45 Z0 S800 M04；
N16	G01 X-1 F0.1；			G01 X-1 F0.1；
N18	G00 X42 Z5；	到达轮廓循环起点		G00 X42 Z5；
N20	G73 U8 W0 R8；	$u = (40-20-2)/2 = 9$，第一刀车去 1mm，$u = 8$		G73 U8 W0 R8 P25 Q55 X0.5 Z0 F0.2；
	G73 P25 Q55 U0.5 W0 F0.2；	轮廓粗车固定循环	轮廓车削固定循环（含粗、精车）	

（续）

段号	FANUC 数控系统 O1102；	备注	华中 HNC 数控系统 O1102；
N25	G00 G42 X14 Z2 F0.1；	N_s 段，刀具到达倒角延长线上的点（X14，Z2），并建立刀尖半径右补偿	G00 G42 X14 Z2 F0.1；
N30	G01 X20 Z-1；		G01 X20 Z-1；
N35	Z-5；		Z-5；
N40	G03 X26 Z-25 R20；		G03 X26 Z-25 R20；
N45	G01 Z-40，R3；		G01 Z-40 R3；
N50	X40；		X40；
N55	G40 G00 X42；	N_f 段，取消刀尖半径补偿	G40 G00 X42；
N60	G70 P25 Q55；	精车固定循环	
N65	G00 X100 Z50；	刀具退出	G00 X100 Z50；
N70	M30；	程序结束	M30；

五、拓展知识

恒线速功能 G50、G96、G97/G96、G97

在加工端面、圆弧、圆锥、阶梯直径相差较大时，随着工件直径的变化，切削速度在不断变化，而进给速度不变，导致工件表面粗糙度不一。为了控制工件表面加工质量，有的数控车床配备了恒线速控制功能。如图 11-9 所示，G96 恒线速功能生效以后，刀具切削工件时刀尖的线速度 v 保持恒定，即当前加工工件直径×主轴转速=常数。如图 11-10 所示，设 n_1、n_2、n_3 为主轴转速（r/min），由 S 指令指定，D_1、D_2、D_3 为阶梯轴直径，使用 G96 功能以后，$D_1 n_1 = D_2 n_2 = D_3 n_3 =$ 常数。

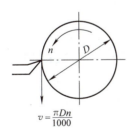

$$v = \frac{\pi Dn}{1000}$$

图 11-9　线速度 v

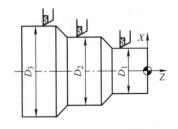

图 11-10　主轴恒线速功能

注：n—主轴转速（r/min）；D—当前加工工件直径（mm）；
v—刀尖线速度（m/s）。

当工件直径 D 很小时，为了保持切削速度的恒定，主轴转速必定很高，特别是加工端面时，如果刀具走到工件中心即直径等于零时，要维持切削速度为常数，主轴转速要无穷大，所以必须对主轴最高转速做出限制：在机床主轴转速范围内选用，且不能超过自定心卡盘等夹具允许的极限转速。具体指令格式见表 11-5。

表 11-5 G96 恒线速功能指令

系 统	FANUC 数控系统	华中 HNC 数控系统
恒线速功能生效	G50 S__；S 为最大主轴转速（r/min） G96 S__；S 为线速度（m/min）	参数中设定主轴最高转速 G96 S__；其中 S 为线速度（m/min）
取消恒线速功能	G97 S__；S 为主轴转速（r/min）	G97 S__；其中 S 为主轴转速（r/min）
举例	G50 2000；主轴最高转速 2000 r/min G96 S120；恒线速 120 m/min … G97 S500；取消恒线速功能，重新给定主轴转速 500 r/min	G96 S120；恒线速 120 m/min … G97 S500；取消恒线速功能，重新给定主轴转速 500 r/min

注：恒线速功能常用于精加工，在刀具切入工件轮廓前编制即可，粗加工很少使用。主电动机频繁调速会影响其使用寿命，要适度使用恒线速功能。

思考与练习题

一、填空题

1. 在加工内、外圆柱面或端面时，刀具圆弧半径（　　）影响加工尺寸、形状，而加工锥面或圆弧等时，由于刀位点的变化使刀具的几何尺寸发生了变化，就会造成（　　）或（　　），用（　　）能消除这种误差。

2. 为了高效切削铸造成形、粗车成形的工件，避免较多的空走刀，选用固定循环指令（　　）加工较为合适。

3. G73 固定循环指令中的 R 是指（　　）。

4. "G96 S__；"中的 S 指的是（　　），"G97 S__；"中的 S 指的是（　　）。

二、问答题

1. 怎样确定刀具半径补偿的方向？

2. 车削加工中用了包含刀尖半径补偿的编程，就可带入几种参数？哪些参数用于进行补偿？哪些只要识别即可？

3. G73 固定循环加工的轮廓形状有没有单调递增或单调递减的限制？

4. 在 $N_s \sim N_f$ 程序段中指定的恒线速切削 G96/G97 是否有效？

三、综合题

仿真加工或在线加工图 11-11、图 11-12 所示的零件。

项目十一 轮廓循环编程数控车削葫芦轴

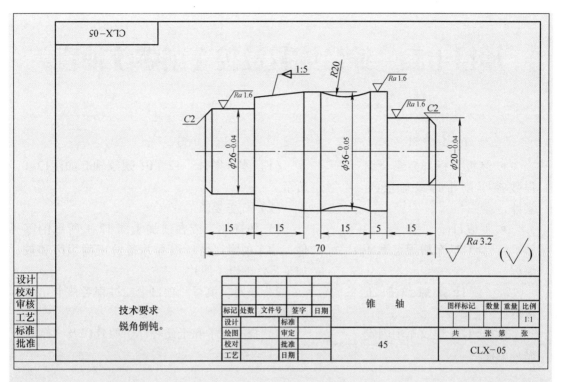

图 11-11 CLX-05 锥轴

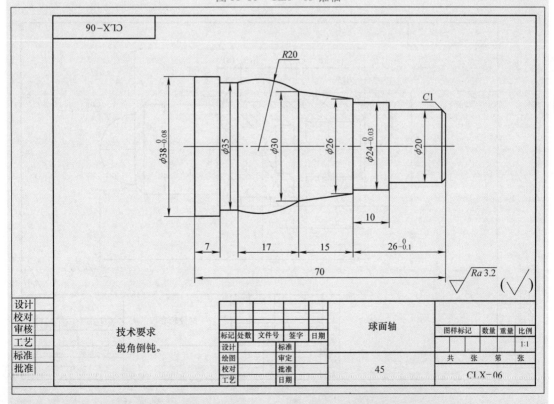

图 11-12 CLX-06 球面轴

项目十二　综合编程数控车削螺纹轴套

一、学习目标

- 终极目标：会综合编程数控车削带螺纹轴套类零件。
- 促成目标
  1）会G75车槽固定循环编程。
  2）会计算螺纹加工数据。
  3）会G76螺纹车削固定循环编程。

二、工学任务

（1）零件图样　12-01螺纹轴套如图12-1所示。

（2）任务要求

1）仿真加工或在线加工图12-1所示的零件，用车削固定循环编程并备份正确程序和被加工零件的电子照片。

2）核对、填写"项目十二过程考核卡"相关信息。

3）提交电子和纸质程序、照片以及"项目十二过程考核卡"。

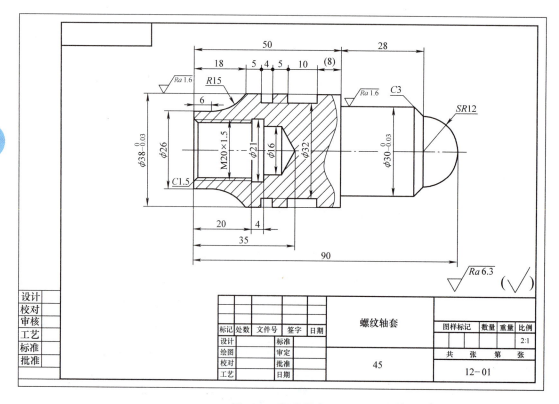

图12-1　螺纹轴套

项目十二 综合编程数控车削螺纹轴套

项目十二过程考核卡

班级＿＿＿ 班组＿＿＿ 学号＿＿＿ 姓名＿＿＿ 互评学生＿＿＿ 指导教师＿＿＿ 组长＿＿＿ 考核日期＿＿＿年＿＿月＿＿日

考核内容	评 分 表					
	序号	项目	评分标准	配分	实操测量结果	得分	整改意见

考核内容	序号	项目	评分标准	配分	实操测量结果	得分	整改意见
任务：数控车削图12-1所示的零件	1	轮廓外形	错一处扣5分	15			
备料：φ40×95mm棒料	2	$\phi 38_{-0.03}^{0}$mm, $\phi 30_{-0.03}^{0}$mm	一处超差0.02mm扣5分	10			
备刀：φ16mm麻花钻 T01 93°左手外圆车刀（L） T02 4mm宽外切槽刀 T03 左手镗刀（L） T04 4mm宽内切槽刀 T05 60°内螺纹车刀	3	其余径向尺寸	一处超差0.5mm扣5分，扣完为止	10			
	4	所有轴向尺寸	一处超差0.5mm扣5分，扣完为止	15			
	5	左侧孔口倒角C1.5	不倒角，5分全扣	5			
	6	右侧外圆倒角C3	不倒角，5分全扣	5			
	7	Ra1.6μm	一处超差一级扣5分	10			
量具：游标卡尺0~125mm，分度值为0.02mm 千分尺25~50mm 半径样规R15mm，R12mm 螺纹塞规M20×1.5mm	8	Ra6.3μm	一处超差一级扣5分	5			
	9	M20×1.5内螺纹	塞规检验合格	10			
	10	安全操作、规范使用量具	正确，安全操作	5			
	11	机床保养	机床维护保养不合格不得分	5			
	12	遵守纪律	遵守现场纪律	5			
	合计			100			

三、相关知识

1. 车槽固定循环 G75

车槽固定循环 G75 可以车内、外环形矩形槽。从循环起点开始，X 向分层渐近车削到槽底，X 向抬刀到循环起点高度 Z 向平移进刀，X 向再次分层渐近车削到槽底，依次循环加工直至 Z 向平移与槽等宽，切到槽底后，刀具 X 向抬刀再回到循环起点。加工内槽时应在循环起点程序段的前一段给定刀具转折点，以防干涉。指令格式见表 12-1。

表 12-1 车槽固定循环 G75 指令格式

FANUC 数控系统	华中 HNC 数控系统
G00 Xα_1 Zβ_1 ; G75 RΔe ; G75 Xα_2 Zβ_2 PΔi QΔk RΔw Ff Ss Tt ;	无

α_1、β_1——切槽循环起点坐标。加工外圆槽时，α_1 应比槽口最大直径大（图 12-2）；加工内圆槽时，α_1 应比槽口最小直径小，以免在刀具快速移动时发生撞刀；β_1 与左、右刀位点及切槽起始位置从左侧或右侧开始有关。图 12-2 中，用左刀位点对刀，当切槽起始位置从左侧开始时，$\beta_1 = -30$；当切槽起始位置从右侧开始时，$\beta_1 = -24$；

Δe——切槽过程中径向退刀量，半径值，无正、负号。

α_2——槽底直径 X 坐标值。

β_2——槽终点 Z 坐标，同样与切槽起始位置有关（图 12-2 中，当切槽起始位置从左侧开始时，$\beta_2 = -24$；当切槽起始位置从右侧开始时，$\beta_2 = -30$）。

Δi——径向每次切入量，半径值，单位为 μm，无正、负。

Δk——Z 向平移进刀量，单位为 μm，无正、负，应注意其值应小于刀宽。

Δw——刀具切到槽底后，在槽底沿 Z 方向的退刀量，单位为 μm，无正、负，最好为 0，以免干涉断刀。

f——进给速度，可以提前赋值。

【促成任务 12-1】 车图 12-2 所示零件的槽，用 G75 指令编程。

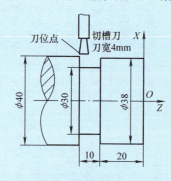

图 12-2 切槽循环

【解】 刀宽 4mm，从左侧开始加工，工件坐标系在右端面中心，加工程序见表 12-2。

项目十二 综合编程数控车削螺纹轴套

表 12-2 促成任务 12-1 程序

段号	FANUC 数控系统	备 注
	O364；	
N5	T0202；	换 2 号切槽刀（刀宽 4mm），导入 02 号存储器中的刀补数据
N10	G54 G99 G00 X42 Z-30 S400 M04；	刀具长度补偿后到达切槽循环起点（图中刀具所在位置）
N15	G75 R0.5；	指定径向退刀量 0.5mm
N20	G75 X30 Z-24 P1000 Q3500 R0 F0.08；	指定槽底、槽宽及加工参数
N25	G00 X80；	切槽完毕后，沿径向快速退出
N30	M30；	程序结束

2. 螺纹加工工艺知识

普通螺纹是应用最为广泛的一种三角形螺纹，牙型角为 60°，有圆柱螺纹、圆锥螺纹、端面螺纹等几种形状，如图 12-3 所示。

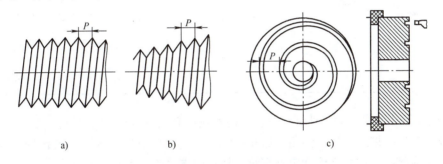

图 12-3 常见螺纹形状
a）圆柱螺纹 b）圆锥螺纹 c）端面螺纹

1）普通螺纹的标记。完整的螺纹标记由螺纹特征代号、尺寸代号、公差带代号及其他有必要作进一步说明的个别信息组成。普通螺纹特征代号用字母"M"表示。单线螺纹的尺寸代号为"公称直径×螺距"。对于粗牙螺纹，可以省略标注其螺距项。例如 M24×1.5、M27×2 为细牙普通螺纹标记，M16、M12 为粗牙普通螺纹标记。

普通螺纹有左旋和右旋之分，左旋螺纹应在螺纹标记的末尾处加注"-LH"字样，如 M20×1.5-LH 等，右旋螺纹不标记。

普通螺纹还有单线螺纹与多线螺纹之分，国家标准 GB/T 197—2018 规定普通多线螺纹的尺寸代号为：螺纹公称直径×Ph 导程 P 螺距。如果要进一步表明螺纹的线数，可在后面增加括号说明，如 M16×Ph3P1.5 或 M16Ph3P1.5（twostarts）。

公差带代号包含中径公差带代号和顶径公差带代号。中径公差带代号在前，顶径公差带代号在后。各直径的公差带代号由表示公差等级的数值和表示公差带位置的字母（内螺纹用大写字母，外螺纹用小写字母）组成。如果中径公差带代号和顶径公差带代号相同，则应只标注一个公差带代号。螺纹尺寸代号与公差带之间用"-"号分开。例如"M20×2-5g6g"表示螺纹公称直径是 M30、螺距是 2mm、中径和顶径公差带分别为 5g、6g 的外螺纹。

2）螺纹基本牙型和尺寸。普通圆柱螺纹牙型高度是指在螺纹牙型上，牙顶到牙底之间垂直于螺纹轴线的距离。根据国家标准 GB/T 192—2003 规定，普通螺纹基本牙型和尺寸见表 12-3。

表 12-3　普通螺纹基本牙型和尺寸

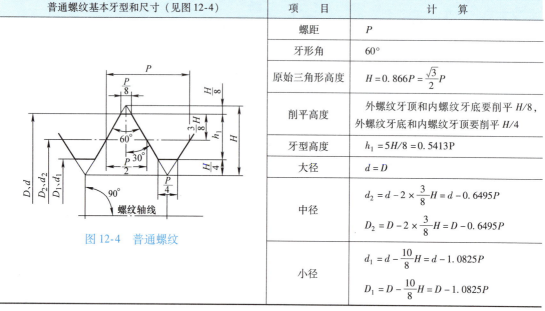

普通螺纹基本牙型和尺寸（见图 12-4）	项　目	计　算
	螺距	P
	牙形角	$60°$
	原始三角形高度	$H = 0.866P = \dfrac{\sqrt{3}}{2}P$
	削平高度	外螺纹牙顶和内螺纹牙底要削平 $H/8$，外螺纹牙底和内螺纹牙顶要削平 $H/4$
	牙型高度	$h_1 = 5H/8 = 0.5413P$
	大径	$d = D$
	中径	$d_2 = d - 2 \times \dfrac{3}{8}H = d - 0.6495P$ $D_2 = D - 2 \times \dfrac{3}{8}H = D - 0.6495P$
	小径	$d_1 = d - \dfrac{10}{8}H = d - 1.0825P$ $D_1 = D - \dfrac{10}{8}H = D - 1.0825P$

图 12-4　普通螺纹

3）螺纹加工数据。加工外螺纹圆柱和内螺纹底孔与车削螺纹不在同一工步完成，对于外螺纹要先车好外螺纹圆柱、倒角，后车外螺纹；对于内螺纹，要先钻或镗好内螺纹底孔、倒角，后车内螺纹，这样必须确定外螺纹圆柱、内螺纹底孔大小。实践中常按以下经验公式计算取值：

$$外螺纹圆柱 = d - 0.12P \tag{12-1}$$

$$内螺纹底孔 = D - P（当 P \leqslant 1\text{mm} 或加工钢件等扩张量较大时）\tag{12-2}$$

$$内螺纹底孔 \approx D - (1.04 \sim 1.08)P（当 P > 1\text{mm} 或加工铸件等扩张量较小时）\tag{12-3}$$

内、外螺纹配合时，牙顶与牙底间要留有间隙，所以实际上常按牙顶和牙底各削平 $H/8$ 来计算牙型高度。

$$牙型高度\ h_1 = 6H/8 \approx 0.65P \tag{12-4}$$

式中　P——螺距（mm）。

由式（12-4）可计算出

$$外螺纹牙槽底径（实际小径）= d - 2 \times 0.65P \tag{12-5}$$

$$内螺纹牙槽顶径（实际大径）= 外螺纹理论大径 \tag{12-6}$$

中径是理论值，用于测量。

4）进给次数与背吃刀量。如果螺纹牙型较高或螺距较大，可分几次进给，每次进给的背吃刀量按递减规律分配，且有直进法和斜进法之分，如图 12-5 所示。常用米制圆柱螺纹切削的进给次数与背吃刀量可参考表 12-4。

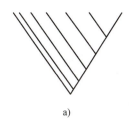
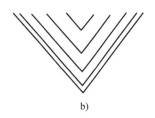

a)　　　　　　　　　　　　b)

图 12-5　进给次数与背吃刀量

a) 斜进法　b) 直进法

表 12-4　常用米制圆柱螺纹切削进给次数与背吃刀量关系　　（单位：mm）

螺　距 P		1.0	1.5	2.0	2.5	3.0	3.5	4.0
牙型高度 h		0.649	0.974	1.299	1.624	1.949	2.273	2.598
进给次数与背吃刀量	1 次	0.349	0.394	0.449	0.499	0.599	0.748	0.748
	2 次	0.2	0.3	0.3	0.35	0.35	0.35	0.4
	3 次	0.1	0.2	0.3	0.3	0.3	0.3	0.3
	4 次		0.08	0.2	0.2	0.2	0.3	0.3
	5 次			0.05	0.2	0.2	0.2	0.2
	6 次				0.075	0.2	0.2	0.2
	7 次					0.1	0.1	0.2
	8 次						0.075	0.15
	9 次							0.1

5) 主轴转速。在切削螺纹时，主轴转速应根据导程大小、零件材料、刀具材料、驱动电动机升降频特性及螺纹插补运算速度等选择，必要时查阅机床说明书。对于大多数普通型数控车床推荐车螺纹主轴转速为

$$n \leqslant \frac{1200}{P_h} - \kappa \qquad (12\text{-}7)$$

式中　P_h——螺纹导程（mm）；

　　　n——主轴转速（r/min）；

　　　κ——保险系数，一般取 80。

6) 空刀导入量和空刀退出量。不论是主轴电动机还是进给电动机，加减速到要求转速都需要一定的时间，此期间内车螺纹导程不稳定，所以在车削螺纹之前、后，需留有适当的空刀导入量 L_1 和空刀退出量 L_2，如图 12-6 所示。这里需要说明的是，螺纹空刀槽的宽度应能保证空刀退出量 L_2 的大小，在工艺分析时应予以注意。

$$L_1 \geqslant 2P_h \qquad (12\text{-}8)$$

$$L_2 \geqslant 0.5P_h \qquad (12\text{-}9)$$

式中　L_1——空刀导入量；

　　　L_2——空刀退出量；

　　　P_h——螺纹导程。

7) 螺纹加工设备要求。数控车床加工螺纹的前提条件是主轴转速与进给同步，并能在

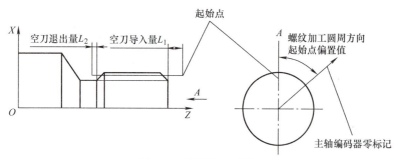

图 12-6 螺纹加工数据

同一横截面上自动均分多线螺纹螺旋线的起始点，如图 12-6 所示。数控车床系统一般均有同步转速功能，但要均分螺纹线数，主轴必须专门配备位置测量装置，如脉冲编码器等，例如，双线螺纹任一条螺旋线的起始点偏置值设定一个度数，另一条的起始点位置自动与第一条相差 180°。

8）四向一置关系。四向指螺纹左右旋向、主轴转向、刀具安装方向及进给方向，一置指车床刀架前置或后置。车螺纹时，四向一置必须匹配，否则不可加工出合格螺纹。螺纹左右旋向是生产图样给定的，不能更改。车床选定之后，其刀架前置还是后置已确定。安装刀具时，前刀面朝上为正装，前刀面朝下为反装。可见四向一置关系匹配主要是在给定螺纹旋向、选定数控车床的情况下，对主轴转向、刀具安装方向及进给方向的配置。下面介绍几种常用配置关系，如图 12-7 所示。

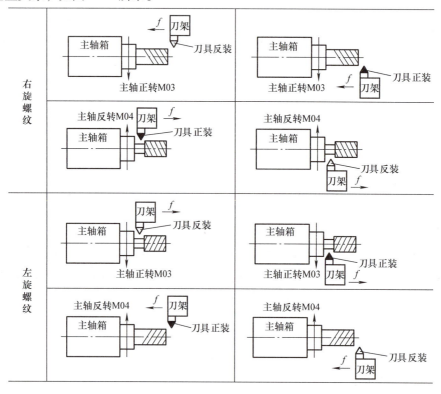

图 12-7 四向一置关系

3. 螺纹车削固定循环 G76

G76 能自动分层车削恒导程圆柱螺纹、圆锥螺纹，指令格式见表 12-5。

表 12-5 螺纹车削固定循环 G76 指令格式

FANUC 数控系统	华中 HNC 数控系统
G0 Xα_1 Zβ_1; G76 Pmra Q$\Delta dmin$ Rd; G76 X(U)__ Z(W)__ Ri Pk QΔd FL;	G0 Xα_1 Zβ_1 G76 Cc Rr Ee Aa X(U)__ Z(W)__ Ii Kk U$\Delta dmin$ VΔd QΔd Pp FL;
α_1、β_1——螺纹切削循环起点 A 坐标，X 向、Z 向应留足安全距离，且在 Z 向包含空刀导入量	
m——精加工重复次数（01~99），必须用两位数表示	c——精加工重复次数（1~99）
r——螺纹收尾 45° 斜向退刀量，编程范围 00~99 个单位，必须用两位数表示，每个单位长度是 0.1×导程，具体给多少个单位，以保证刀具切离工件为宜	r——螺纹 Z 向退尾长度，r 有正、负之分，向 +Z 向退刀时为正值，向 -Z 向退刀时为负值，图 12-8b 中 r 为负值 e——螺纹 X 向退尾长度，e 有正、负之分，向 +X 向退刀时为正值，向 -X 向退刀时为负值，图 12-8b 中 e 为正值
a——螺纹牙型角，用两位数表示，按图样选取，普通螺纹 60°，管螺纹 55°，T 形螺纹 30°	
$\Delta dmin$——粗加工最小背吃刀量，半径值，单位为 μm	$\Delta dmin$——粗加工最小背吃刀量，半径值
d——精加工余量，半径值，无正、负号	
X(U)、Z(W)——螺纹终点牙底点 D 坐标值，含空刀退出量	X(U)、Z(W)——螺纹终点牙底点 D 坐标值，不含 r，空刀退出量
i——（螺纹斜度，即螺纹起点 C 半径减去螺纹终点 D 半径）/两点间 Z 向长度，当 $i=0$ 时，是圆柱螺纹，可以不写；图 12-8 所示为 $i<0$	
k——螺纹牙型高，按 $k=0.65P$（P 为螺距）进行计算，半径值，单位为 μm，不带小数点	k——螺纹牙型高，按 $k=0.65P$（P 为螺距）进行计算，半径值
Δd——第一次切削深度，半径值，单位为 μm，不带小数点，无正、负号	Δd——第一次切削深度，半径值，无正、负号
多线螺纹需 Z 向错开加工，本身不能分度	p——偏移值，确定螺旋线起始点圆周分布方位
L——螺纹导程	

G76 动作分解如图 12-8 所示，刀具从循环起点 A 以 G00 方式沿 X 向到达点 B（该点的 X 坐标值 = 小径 + 2 倍的牙型高），工进 Δd 到点 1 后，以螺纹切削方式 G32 平行于牙型圆柱面母线切削至点 2，再斜向退刀至点 3，以 G00 退刀至点 E，快速返回点 A，如此重复循环切削，最后精车路线是 A→C→D→E→A，完成螺纹加工。

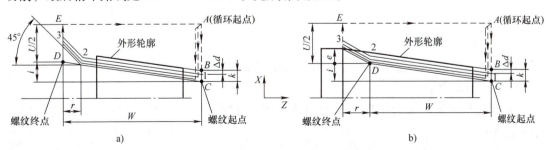

图 12-8 G76 固定循环的运动路径
a) FANUC 系统 b) 华中 HNC

G76 循环的背吃刀量是成等比级数递减的，粗车时采用斜进法进刀，精车时采用直进法加工。

【促成任务 12-2】 图 12-9 所示螺纹圆柱、退刀槽、倒角均已车好，现用 G76 指令编制螺纹的加工程序。

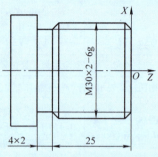

图 12-9　促成任务 12-2 零件

【解】 用 60°外螺纹车刀，刀具反装，加工程序见表 12-6。

表 12-6　促成任务 12-6 程序

段号	FANUC 数控系统	备　注	华中 HNC 数控系统
	O367;		O367;
N5	T0303;	换 T03 螺纹刀，导入 03 号存储器中的刀补数据	T0303;
N10	G54 G99 G00 X32 Z4 S520 M03;	刀具长度补偿后到达循环起点（X32，Z4），考虑空刀导入量。刀具反装，主轴正转	G54 G95 G90 G00 X32 Z4 S520 M03;
N15	G76 P011060 Q100 R0.05; G76 X27.4 Z-27 R0 P1300 Q450 F2;	螺纹切削循环	G76 C1 R-2 E2 A60 X27.4 Z-25 K1.3 U0.05 V0.1 Q0.45 F2;
N20	G0 X100 Z100;	快速从循环起点退出	G0 X100 Z100;
N25	M30;	程序结束	M30;

四、相关实践

完成本项目图 12-1 所示的 12-01 螺纹轴套的程序设计。

1. 确定加工方案

1）夹工件左端，车右端面，车右端外轮廓 SR12mm、C3 倒角、$\phi 30_{-0.03}^{\ 0}$mm 至完工，如图 12-10a 所示。

2）调头，夹工件右端 $\phi 30_{-0.03}^{\ 0}$mm 外圆（需包铜皮），车左端面，控制总长 90mm，车左端外轮廓、外槽、内轮廓、内槽及内螺纹达图样要求，如图 12-10b 所示。

项目十二　综合编程数控车削螺纹轴套

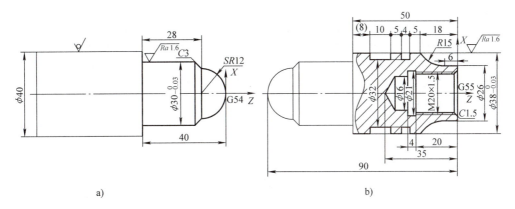

图 12-10　加工方案

2. 编制程序

（1）右端加工程序　工件右端加工程序见表 12-7。

表 12-7　加工图 12-1 所示工件右端程序

段号	FANUC 数控系统	备　注		华中 HNC 数控系统
	O1201；			O1201；
N10	T0101；	换 T01 号外圆车刀，导入 01 号存储器中的刀补数据		T0101；
N12	G54 G99 G00 X45 Z0 S800 M04；	车端面		G54 G95 G90 G00 X45 Z0 S800 M04；
N16	G01 X-1 F0.1；			G01 X-1 F0.1；
N18	G00 X42 Z2；	到达轮廓循环起点		G00 X42 Z2；
N20	G71 U2 R1；	轴向粗车固定循环	轴向车削固定循环（含粗、精车）	G71 U2 R1 P30 Q65 X0.5 Z0.2 F0.2；
N25	G71 P30 Q65 U0.5 W0.2 F0.2；			
N30	G00 G42 X-2 F0.1；	N_s 段，该段只能 X 轴移动，否则数控系统报警		G00 G42 X-2 F0.1；
N35	G01 Z0；			G01 Z0；
N40	X0；			X0；
N45	G03 X24 Z-12 R12；			G03 X24 Z-12 R12；
N50	G01 X30 Z-15；	X 向加工至中间值		G01 X30 Z-15；
N55	Z-40；			Z-40；
N60	X41；			X41；
N65	G40 G00 X42；	N_f 段，大于 φ40mm 毛坯		G40 G00 X42；
N70	G70 P30 Q65；	精车固定循环		
N75	G00 X100 Z50；	刀具退出		G00 X100 Z50；
N80	M30；			M30；

（2）左端加工程序　工件左端加工程序见表12-8（左端φ16mm孔预先钻出）。

表12-8　加工图12-1所示工件左端程序

段号	FANUC 数控系统	备　注		华中HNC数控系统
	O1202；			O1202；
N10	T0110；	换T01外圆车刀，导入10号存储器中的刀补数据		T0110；
N12	G55 G99 G00 X45 Z0 S800 M04；	车端面		G55 G99 G90 G00 X45 Z0 S800 M04；
N16	G01 X14 F0.1；			G01 X14 F0.1；
N18	G00 X42 Z2；	到达轮廓循环起点		G00 X42 Z2；
N20	G71 U2 R1；	轴向粗车固定循环	轴向车削固定循环（含粗、精车）	G71 U2 R1 P25 Q50 X0.5 Z0.2 F0.2；
	G71 P25 Q50 U0.5 W0.2 F0.2；			
N25	G00 G42 X26；	N_s 段		G00 G42 X26；
N30	G01 Z-6 F0.1；			G01 Z-6 F0.1；
N35	G02 X38 Z-18 R15；			G02 X38 Z-18 R15；
N40	G01 Z-52；			G01 Z-52；
N45	X40；			X40；
N50	G40 G00 X42；	N_f 段，取消刀尖半径补偿		G40 G00 X42；
N55	G70 P25 Q50；	精车固定循环		
N60	G00 X100 Z100；	刀具退出		G00 X100 Z100；
N65	T0303；	换T03镗刀，导入03号存储器中的刀补数据		T0303；
N70	G00 X14 Z2 S800 M4；	刀具长度补偿后到达轮廓循环起点（X14, Z2）		G00 X14 Z2 S800 M4；
N75	G71 U1 R0.5；	轴向粗车固定循环	轴向车削固定循环（含粗、精车）	G71 U1 R0.5 P80 Q100 X-0.5 Z0.2 F0.2；
	G71 P80 Q100 U-0.5 W0.2 F0.2；			
N80	G00 G41 X25.5；	N_s 段，该段只能X轴移动，否则数控系统报警。（X25.5, Z2）在倒角延长线上		G00 G41 X25.5；
N85	G01 X18.5 Z-1.5 F0.1；	螺纹内孔加工至 $D-P=20$mm - 1.5mm = 18.5mm		G01 X18.5 Z-1.5 F0.1；
N90	Z-24；			Z-24；
N95	X15；			X15；
N100	G40 G00 X14；	N_f 段，小于φ16mm孔		G40 G00 X14；
N105	G70 P80 Q100；	精车固定循环		
N110	G00 X100 Z20；	到安全位置		G00 X100 Z20；
N115	T0404；	换T04内切槽刀，刀宽4mm		T0404；
N120	G00 X14 Z5 S400 M04；			G00 X14 Z5 S400 M04；

项目十二 综合编程数控车削螺纹轴套

（续）

段号	FANUC 数控系统 O1202；	备 注	华中 HNC 数控系统 O1202；
N125	G01 Z-24 F0.1；		G01 Z-24 F0.1；
N130	G01 X21；		G01 X21；
N135	G00 X14；		G00 X14；
N140	Z5；		Z5；
N145	G00 X100 Z20；	刀具退出	G00 X100 Z20；
N150	T0505；	换 T05 内螺纹刀，刀具反装	T0505；
N155	G00 X16.5 Z5 S500 M03；	快速到达循环起点，考虑空刀导入量，主轴正转	G00 X16.5 Z5 S500 M03；
N160	G76 P012060 Q200 R0.1； G76 X20 Z-22 R0 P975 Q375 F1.5；	螺纹切削循环	G76 C1 R-2 E1 A60 X20 Z-20 K0.975 U0.1 V0.2 Q0.375 F1.5；
N165	G00 X100 Z20；	到安全位置	G00 X100 Z20；
N170	T0202；	换 T02 外切槽刀，刀宽 4mm	T0202；
N175	G00 X40 Z-27 S400 M04；		G00 X40 Z-27 S400 M04；
N180	G01 X32 F0.1；		G01 X32 F0.1；
N185	G00 X40；		G00 X40；
N190	Z-36；		Z-36；
N195	G75 R0.5； G75 X32 Z-42 P2000 Q3500 R0 F0.1；	指定径向退刀量 0.5mm 指定槽底、槽宽及加工参数	
N200			G01 X32；
N205			G00 X40；
N210			Z-39；
N215			G01 X32；
N220			G00 X40；
N225			Z-42；
N230			G01 X32；
N235			G00 X40；
N240	G00 X80；	切槽完毕后，沿径向快速退出	G00 X80；
N245	M30；	程序结束	M30；

五、拓展知识

进给暂停 G04

在两个程序段之间插入一个 G04 程序段，则进给中断给定的时间，指令格式见表 12-9，待到规定时间后，程序自动恢复正常运行。该指令可以用于某些需要计算延时的地方，如要切出尖角、槽底停留等。G04 是非模态、单程序段 G 代码。

表 12-9　进给暂停 G04 指令格式

系统	FANUC 数控系统	华中 HNC 数控系统
格式	G04 X__；暂停时间（s） G04 P__；暂停时间（ms）	G04 P__；暂停时间（s）
举例	G04 X2.5；暂停 2.5s G04 P1000；暂停 1000ms	G04 P2.5；暂停 2.5s

思考与练习题

一、填空题

1. 数控车床加工螺纹时，由于车螺纹起始有一个加速过程，结束前有一个减速过程，所以在这个过程中，螺距不可能保持均匀，因此车螺纹时，两端必须设置足够的（　　）和（　　）。
2. 四向一置关系的四向指（　　）、（　　）、（　　）、（　　），一置指车床刀架前置或后置，车螺纹时，四向一置必须匹配，否则不可能加工出合格螺纹。
3. 螺纹加工时，主轴倍率开关和进给倍率开关（　　）效。

二、问答题

1. 请问切槽循环 G75 中各参数的含义是什么？
2. 如何近似确定外螺纹的圆柱直径、内螺纹的孔径、牙型高、空刀导入量、空刀退出量？
3. 请问螺纹车削循环 G76 中各参数的含义是什么？

三、综合题

仿真加工或在线加工图 12-11、图 12-12 所示的零件。

项目十二 综合编程数控车削螺纹轴套

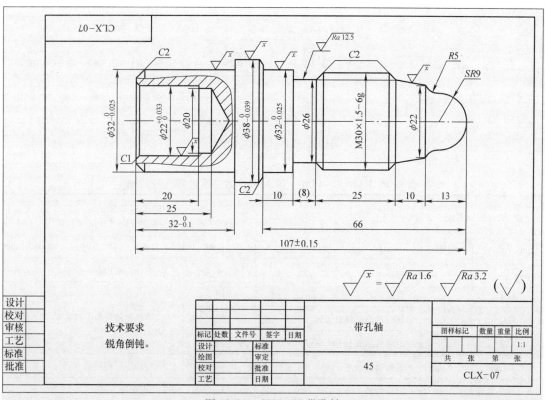

图 12-11 CLX-07 带孔轴

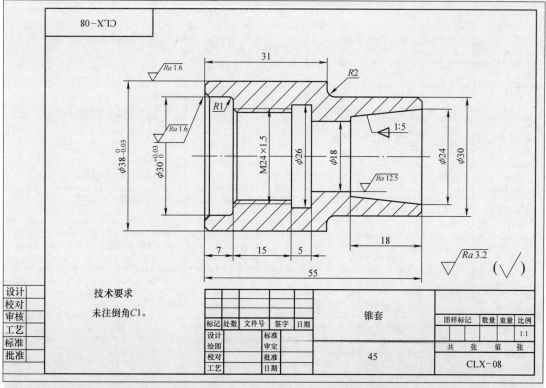

图 12-12 CLX-08 锥套

附　　录

附录 A　G 代码表

表 A-1　FANUC – 0iM、SIEMENS 数控镗铣系统 G 代码

FANUC 数控系统		含　　义	SIEMENS 数控系统 （文字部分是 802D、810D、840D）	
G 代码	组别		G 代码	组别
G00 *	01	快速定位	同（插补）	1. 插补运动指令，模态
G01		直线插补	同	
G02		顺时针圆弧插补 CW	同	1. 插补运动指令，模态
G03		逆时针圆弧插补 CCW	同	
G04 ▲	00	进给暂停	同	2. 特殊运行程序段方式
G09		准确停止		11. 程序段方式
G15 *	17	取消极坐标指令		
G16		极坐标指令有效	G110 ▲	3. 写存储器程序段方式
			G111 ▲	
			G112 ▲	
G17 *	02	XY 插补平面选择	同	6. 插补平面选择模态有效
G18		ZX 插补平面选择	同	
G19		YZ 插补平面选择	同	
G20	06	英制尺寸单位	G70	13. 米制和英制转换
G21 *		米制尺寸单位	G71 *	
G27 ▲	00	返回参考点检验		
G28 ▲		回固定点	G75	2. 特殊运行程序段方式
		返回参考点	G74	
G29 ▲		从参考点返回		
G30 ▲		返回第 2、3、4 参考点		
G40 *	07	取消刀具半径补偿	同	7. 刀具半径补偿模态有效
G41		刀具半径左补偿	同	
G42		刀具半径右补偿	同	

附　录

(续)

FANUC 数控系统		含　义	SIEMENS 数控系统 （文字部分是 802D、810D、840D）	
G 代码	组别		G 代码	组别
G43	08	刀具长度正向补偿		
G44		刀具长度负向补偿		
G49 *		取消刀具长度补偿		
G50 *	11	取消比例缩放	SCALE▲	
G51		比例缩放有效	ASCALE▲	
G50.1 *		取消可编程镜像	MIRROR▲	
G51.1		可编程镜像有效	AMIRROR▲	
G52▲	00	局部坐标系设定	TRANS▲ ATRANS▲	
		取消可设定、可编程工件坐标系，返回机床坐标系	G53 - ▲	9. 取消可设定工件坐标系程序段方式
G53	00	选择机床坐标系	G153 - ▲	
G54 *	14	选择第一工件坐标系	同	8. 可设定工件坐标系模态有效
G55		选择第二工件坐标系	同	
G56		选择第三工件坐标系	同	
G57		选择第四工件坐标系	同	
G58		选择第五工件坐标系	同	
G59		选择第六工件坐标系	同	
		取消可设定工件坐标系	G500 *	
G61	15	准确停止方式		
G63		攻螺纹方式	同	
G64 *		切削方式	同	10. 定位性能模态有效
G65	12	宏程序调用		
G66		宏程序模态调用		
G67 *	12	取消宏程序调用		
G68	16	坐标系旋转	ROT▲ AROT▲	
G69 *		取消坐标系旋转		

（续）

FANUC 数控系统		含 义	SIEMENS 数控系统（文字部分是 802D、810D、840D）	
G 代码	组别		G 代码	组别
G73	09	孔底断屑渐进钻削循环	CYCLE83▲	
G74		攻左旋螺纹循环	CYCLE84▲ CYCLE840▲	
G76		孔底让刀精镗循环	CYCLE86▲	
G80 *		取消固定循环		
G81		高速钻削循环	CYCLE81▲	
G82		锪孔循环	CYCLE82▲	
G83		孔口排屑渐进钻削循环	CYCLE83▲	
G84		攻右旋螺纹循环	CYCLE84▲ CYCLE840▲	
G85		铰孔循环	CYCLE85▲ CYCLE89▲ CYCLE89▲	
G86		孔底主轴停转精镗循环	CYCLE86▲	
G87		反镗循环	CYCLE87▲	
G88		手动返回浮动镗孔循环	CYCLE88▲	
G89		孔底暂停精镗阶梯孔循环		
		直线排列孔位	HOLES1▲	
		圆周排列孔位	HOLES2▲	
G90 *	03	绝对尺寸编程	同、AC	14. 模态有效
G91	03	增量尺寸编程	同、IC	14. 模态有效
G92	00	可编程工件坐标系		
G94 *	05	每分进给	同	15. 模态有效
G95		每转进给	同	
G98 *	10	固定循环返回初始平面		
G99		固定循环返回 R 平面		

注 1. *表示初始 G 代码，由机床参数设定。
　　2. 00 组表示非模态 G 代码（一次性 G 代码），其余组别为模态 G 代码。
　　3. ▲表示单程序段 G 代码。

附　录

表 A-2　FANUC、华中 HNC 数控车削系统 G 代码

G 代码	FANUC 0i–T（A 型）数控系统		含　义	华中 HNC–21/22T 数控系统	
	状态				状态
G0	模态		快速定位		模态
G1 *			直线插补		
G2			顺时针圆弧插补		
G3			逆时针圆弧插补		
G32			恒螺距螺纹车削		
G4	非模态		进给暂停		非模态
G10	模态		可编程数据输入	—	—
G11			可编程数据取消	—	—
G17			XY 平面		模态
G18 *	模态		ZX 平面		
G19			YZ 平面		
G20	模态		英制输入		模态
G21			米制输入		
G36 *	—		—	直径尺寸	模态
G37	—		—	半径尺寸	
G27			返回参考点检查	—	—
G28	非模态		返回参考点		非模态
G29			从参考点返回		
G30			返回第 2、3、4 参考点	—	—
G40 *	模态		取消刀尖半径补偿		模态
G41			刀尖半径左补偿		
G42			刀尖半径右补偿		
G50	非模态		工件坐标系设定或主轴最高转速设定	—	—
G52	非模态		局部坐标系设定	—	—
G53	非模态		机床坐标系设定		非模态
G54 *	模态		工件坐标系 1		模态
G55			工件坐标系 2		
G56			工件坐标系 3		
G57			工件坐标系 4		
G58			工件坐标系 5		
G59			工件坐标系 6		
G65	非模态		宏程序调用	—	—
G66	模态		宏程序模态调用	—	—
G67 *			宏程序模态调用取消	—	—

(续)

G代码	FANUC 0i-T（A型）数控系统		华中 HNC-21/22T 数控系统	
	状态	含 义		状态
G70	非模态	精车固定循环	—	模态
G71		轴向粗车固定循环	轴向车削固定循环	
G72		端面粗车固定循环	端面车削固定循环	
G73		轮廓粗车固定循环	轮廓车削固定循环	
G74		渐进钻削端面孔固定循环	—	—
G75		车槽固定循环	—	
G76		车螺纹固定循环		模态
G90	模态	单一形状内、外圆车削固定循环	绝对尺寸	模态
G91	—	—	增量尺寸	
G92	模态	单一形状螺纹切削循环	工件坐标系设定	非模态
G94	模态	单一形状端面车削固定循环	每分进给/(mm/min)	模态
G95	—	—	每转进给/(mm/r)	
G96	模态	恒线速功能		模态
G97*		取消恒线速功能		
G98	模态	每分进给/(mm/min)	—	—
G99		每转进给/(mm/r)	—	

附录 B　M 代码表

表 B-1　FANUC、SIEMENS、华中数控系统常用 M 代码

FANUC、华中数控系统	功 能	SIEMENS数控系统	FANUC、华中数控系统	功 能	SIEMENS数控系统
M00	程序停止	同	M06	换刀	同
M01	程序选择停止	同	M08	切削液开	同
M02	主程序结束	同	M09	切削液关	同
M03	主轴顺时针方向旋转	同	M30	主程序结束并返回	同
M04	主轴逆时针方向旋转	同	M98	子程序调用	
M05	主轴停转	同	M99	子程序结束并返回	M17

附录 C 刀具、量具清单

表 C-1 数控镗铣刀辅具清单

序号	刀具名称	刀具型号	刀杆名称	刀杆型号	配套件	组装图例
1	波形刀片可转位面铣刀	φ80mm 刀体：FM90-80LD15	套式立铣刀刀柄	BT40-XM27-60	刀片：LDMT1504PDSR-27P	拉钉 图 C1-1 图 C1-2
2	超硬直柄立铣刀 HSS-A1	3齿 16×16×32×92 GB/T6118-2010	弹簧卡头刀柄	BT40-ER25-80	卡簧 ER25-5、10、16	图 C1-3
3	高速钢直柄键槽铣刀	φ5mm、φ10mm				
4	高速钢直柄模具立铣刀	φ16mm				
5	中心钻	φ4mm				
6	高速钢直柄铰刀	φ10H7、φ12H7				
7	高速钢直柄麻花钻头	φ8.5mm、φ9.8mm、φ10mm、φ11.8mm	莫氏短圆锥钻夹头刀柄	BT40-Z16-45	自紧式钻夹头 B16	图 C1-4
8	高速钢锥柄麻花钻头	φ19-M2、φ26-M3、φ30-M3	有扁尾莫氏圆锥孔刀柄	BT40-M3-75	莫氏变径套 MT3-MT2	图 C1-5

(续)

序号	刀具名称	刀具型号	刀 杆 型号	配套件	组装图例 拉钉
9	机用丝锥	M10 – H2	BT40 – G3 – 90	攻螺纹夹套 GT3 – M10	图 C1-1 图 C1-6
10	倾斜型粗镗刀	镗孔范围 φ25 ~ φ38mm（平底）	BT40 – TQC25 – 135	镗刀头 TQC08 – 29 – 45 – L	图 C1-7
11	45°倒角镗刀	镗孔范围 φ25 ~ φ50mm	BT40 – TZC25 – 135	镗刀头 TQC08 – 29 – 45 – L	图 C1-8
12	倾斜型微调精镗刀	镗孔范围 φ29 ~ φ41mm（平底）	BT40 – TQW29 – 100	微调刀头 TQW2	图 C1-9
13	寻边器	OP20	BT40 – C22 – 95	卡簧 C22 – 20	图 C1-10

注：1. 量具有 0 ~ 150mm ± 0.02mm 游标卡尺，0 ~ 25mm，25 ~ 50mm 千分尺，10 ~ 18mm，18 ~ 35mm，35 ~ 50mm 内径百分表，0 ~ 200 ± 0.02mm 深度尺，± 0.4mm 杠杆百分表，磁力表座。
2. 备料锻铝 100mm × 80mm × 50mm，Q235 钢板 100mm × 80mm × 20mm，45 钢板 120mm × 100mm × 20mm。

附 录

表 C-2 数控车刀辅具清单

序号	刀具 名称规格	刀具型号	刀片 名称	刀片 型号	刀尖半径	组装图例
1	中心钻	φ2mm				图 C2-1
2	95°复合压紧式可转位右偏外圆车刀	MCLNL2525M12N	80°菱形刀片	CNMG120404FL-CF	0.4mm	图 C2-2
3	93°复合压紧式可转位右偏外圆车刀	MDJNL2525M11N	55°菱形刀片	DNMG110402FL-CF	0.2mm	图 C2-3
4	62°30′复合压紧式可转位车刀	MDPNN2525M11N	55°菱形刀片	DNMG110402FL-CF	0.2mm	图 C2-4
5	93°螺钉压紧式右偏镗孔车刀	S20K-SDUCL11	55°菱形刀片	DCNH11T304	0.4mm	图 C2-5
6	60°外螺纹车刀	SEL2525M16T	外螺纹车刀片	16ELAG60ISO		图 C2-6

(续)

序号	刀具 名称规格	刀具型号	刀片 名称	刀片 型号	刀头半径	组装图例
7	60°内螺纹车刀	SNL0020Q16	内螺纹车刀片	16NLAG60ISO		图 C2-7
8	6mm 宽的外切断（槽）刀	QA2525L06	切断（槽）刀片	Q06		图 C2-8
9	4mm 宽的外切断（槽）刀	QA2525L04	切断（槽）刀片	Q04		
10	2.15mm 宽的内切槽刀	GRV.LS20M.20TC16	切断刀片	TC16T3L215-V-YT789		图 C2-9
11	锥柄麻花钻头	φ26-M3	莫氏变径套	MT4-3		图 C2-10
12	活动顶尖	MT4-60°				图 C2-11

注：1. 量具：0～200mm±0.02mm 游标卡尺，25～50mm、50～75mm 千分尺，18～35mm、35～50mm 内径百分表，0～200mm±0.02mm 深度尺，螺纹环规、螺纹塞规，磁力表座。
2. 备料：尼龙棒 φ40mm，45 圆钢 φ45mm、φ60mm。

参 考 文 献

[1] 周保牛，等. 数控编程与加工技术 [M]. 2版. 北京：机械工业出版社，2014.
[2] 周保牛. 数控铣削与加工中心技术 [M]. 北京：高等教育出版社，2007.
[3] 周保牛. 数控车削技术 [M]. 北京：高等教育出版社，2007.
[4] BEIJING – FANUC – 0iM 编程操作说明书.
[5] BEIJING – FANUC – 0iT 编程操作说明书.
[6] SINUMERIK – 802D 编程操作说明书.
[7] 余英良. 数控加工编程及操作 [M]. 北京：高等教育出版社，2005.
[8] 沈建峰. 数控铣工/加工中心操作工（高级）[M]. 机械工业出版社，2006.
[9] 沈建峰. 数控车工（高级）[M]. 机械工业出版社，2006.
[10] 崔兆华. 数控车工（中级）[M]. 机械工业出版社，2006.
[11] 张恩弟. 数控编程加工技术 [M]. 化学工业出版社，2011.
[12] 王荣兴. 数控铣削加工实训 [M]. 上海：华东师范大学出版社，2009.
[13] 董献坤. 数控机床结构与编程 [M]. 北京：机械工业出版社，1997.
[14] 杨伟群，等. 数控工艺培训教程 [M]. 北京：清华大学出版社，2002.
[15] 华茂发. 数控机床加工工艺 [M]. 2版. 北京：机械工业出版社，2011.
[16] 金涛. 数控车加工 [M]. 北京：机械工业出版社，2004.
[17] 张超英，谢富春. 数控编程技术 [M]. 北京：化学工业出版社，2004.
[18] 全国数控培训网络天津分中心. 数控编程 [M]. 2版. 北京：机械工业出版社，2006.
[19] 明兴祖. 数控加工技术 [M]. 北京：化学工业出版社，2003.
[20] 许祥泰. 数控加工编程实用技术 [M]. 北京：机械工业出版社，2001.
[21] 张超英，罗学科. 数控加工综合实训 [M]. 北京：化学工业出版社，2003.
[22] 陈志雄. 数控机床与数控编程技术 [M]. 北京：化学工业出版社，2003.
[23] 范钦武. 模具数控加工技术及应用 [M]. 北京：化学工业出版社，2004.
[24] 李佳. 数控机床及应用 [M]. 北京：清华大学出版社，2001.
[25] 逯晓勤. 数控机床编程技术 [M]. 北京；机械工业出版社，2002.
[26] 王春海. 数字化加工技术 [M]. 北京：化学工业出版社，2003.
[27] 刘书华. 数控机床与编程 [M]. 北京：机械工业出版社，2001.
[28] 徐衡. 数控铣工实用技术 [M]. 沈阳：辽宁科学技术出版社，2000.
[29] 唐健. 数控加工及程序编制基础 [M]. 北京：机械工业出版社，1996.
[30] 吕士峰，王士柱. 数控加工工艺 [M]. 北京：国防工业出版社，2005.
[31] 罗春华，刘海明. 数控加工工艺简明教程 [M]. 北京：北京理工大学出版社，2007.
[32] 李正峰. 数控加工工艺 [M]. 上海：上海交通大学出版社，2004.
[33] 罗辑. 数控加工工艺及刀具 [M]. 重庆：重庆大学出版社，2007.
[34] 徐宏海. 数控加工工艺 [M]. 北京：化学工业出版社，2008.
[35] 段晓旭. 数控加工工艺方案设计与实施 [M]. 沈阳：辽宁科学技术出版社，2008.
[36] HNC – 210T 使用说明书.